まえがき

はじめまして、ワタシは神様。
お空の上の天国に住んでいるよ。

天国には、死んだ人や動物たちがたくさん住んでいるんだ。
悲しいけれど君も、いつか寿命をむかえて死んでしまうんだよ。

寿命は、動物によっても、モノによっても
それぞれまったくちがうんだ。

たとえば、
もやしの寿命はたった1日。
ハツカネズミの寿命は1年と少し。
飛行機の寿命は20～25年で、
日本人の寿命は80年以上。
屋久杉の寿命は1000年以上で、
太陽の寿命は100億年。

ね、全然ちがうでしょう。
君とくらべてみると、どうかな？
それに、それぞれの生き方や死に方も、まったくちがうんだよ。
けれど、一生懸命自分の寿命を生き抜こうとしているのはみんな同じ。

この図鑑では、そんな、一つひとつの命の輝きを紹介していくよ。
知ればきっと、世界がちがって見えるはず。

※この本のイラストのなかに
　ときどきワタシが隠れているから、さがしてみてね。

もくじ

🌟 まえがき ———————— 2

🌟 この図鑑の見方 ——— 6

🌟 **動物の寿命** 個性あふれる動物のさまざまな一生を知ろう ———————— 8

ハツカネズミ / イタチ / 肉牛 / ゴールデンハムスター / ニホンアマガエル / アズマモグラ / ニホンノウサギ / キクガシラコウモリ / 野良ネコ / アライグマ / キタキツネ / オオアナコンダ / モリアオガエル / めん羊 / 飼い犬 / ノドチャミユビナマケモノ / オオカミ / ニホンジカ / アカカンガルー / トラ / ブタ / ライオン / ジャイアントパンダ / グリーンイグアナ / ウマ / コアラ / アカハライモリ / キリン / ヒグマ / コモドオオトカゲ / ミシシッピアカミミガメ / ゴリラ / カバ / ヒトコブラクダ / チンパンジー / シロサイ / ナイルワニ / アフリカゾウ / オオサンショウウオ / ガラパゴスゾウガメ

🌟 **海のいきものの寿命** きびしい海の世界で生きる命をのぞいてみよう ——— 18

チョウチンアンコウ / アオリイカ / イトヨ / シラウオ / ミズクラゲ / クリオネ / マコンブ / タツノオトシゴ / ヤドカリ / サケ / チンアナゴ / ミズダコ / ハリセンボン / ブダイ / クマノミ / バフンウニ / アカテガニ / マンボウ / ヒラメ / コウテイペンギン / カキ / アカエイ / ラッコ / クロマグロ / ニホンウナギ / クロカジキ / ホッキョクグマ / イセエビ / キヒトデ / シロナガスクジラ / セイウチ / ハンドウイルカ / ワモンアザラシ / アカウミガメ / シーラカンス / ジンベエザメ / ジュゴン / ホホジロザメ / シャチ / サンゴ

🌟 **鳥の寿命** 似ているようでまったくちがう鳥の一生を観察しよう ——— 28

スズメ / ツバメ / キジオライチョウ / カラス / ウグイス / カワセミ / カワラバト / ニワトリ / キツツキ / オシドリ / ハヤブサ / クジャク / カルガモ / フクロウ / ニワシドリ / タンチョウ / グンカンドリ / カッコウ / ダチョウ / フラミンゴ

🌟 **昆虫の寿命** 小さな昆虫の懸命に生き抜く姿をのぞいてみよう ——— 34

アブラムシ / 蚊 / キイロショウジョウバエ / セイヨウミツバチ / ツチハンミョウ / ナミアゲハ / ナミテントウ / モンシロチョウ / アメンボ / チャバネゴキブリ / クマムシ / アシナガバチ / クロオオアリ / エンマコオロギ / オオミノガ / ゲンジボタル / カブトムシ / カゲロウ / コガネグモ / カマキリ / アキアカネ / トノサマバッタ / アリジゴク / カタツムリ / フンコロガシ / オオクワガタ / ダンゴムシ / アブラゼミ / オニヤンマ / ミミズ

🌟 **植物の寿命** 動かない植物はどうやって子孫をつくるのだろう？ ——— 42

ラッカセイ / オジギソウ / ヒマワリ / アサガオ / イネ / オナモミ / カラスノエンドウ / サルビア / パンジー / チューリップ / ラフレシア / アジサイ / オオマツヨイグサ / シクラメン / ウバユリ / セイヨウタンポポ / ハス / カタクリ / モモの木 / ハエジゴク / ブラシノキ / リンゴの木 / コナラ / ソメイヨシノ / ココヤシ / マダケ / ベンケイチュウ / ウェルウィッチア / 屋久杉 / リュウケツジュ

🌟 **食べ物の寿命** 食べ物の鮮度や旨味を保つ方法を知ろう ——— 50

ケーキ / みそ汁 / もやし / カレー / コンビニフード / 魚の切り身 / 豆腐 / 食パン / こんにゃく / プレーンヨーグルト / ソーセージ / トマト / バナナ / イチゴ / ネギ / ペットボトル飲料 / 牛乳 / キャベツ / 納豆 / 精肉 / お米 / たまご / ジャガイモ / 炊いたごはん / マヨネーズとケチャップ / ミカン / タマネギ / カップ麺 / 缶づめ / アイスクリーム

⭐ モノの寿命　身近なモノや変わったモノの一生を知ろう —————— 58

鉛筆 / 蚊取り線香 / トイレットペーパー / 歯ブラシ / 100円ライター / くつ / 電車の忘れ物 / 化粧品 / 大リーグのバット / 薬 / 力士のまわし / ブラジャー / Tシャツ / 一万円札 / 入れ歯 / 車のタイヤ / 布団 / ピアノ / 絵画 / 本

⭐ 機械の寿命　家電から乗り物までいろいろな機械の寿命を知ろう —————— 64

スマートフォン / ドライヤー / ノートパソコン / 炊飯器 / 掃除機 / 信号機の電球 / 洗濯機 / 液晶テレビ / エアコン / 自転車 / 自動販売機 / 電子レンジ / 冷蔵庫 / 車 / 消防車 / 人工衛星 / 新幹線 / 大型外航船 / 飛行機 / エレベーター

⭐ からだの寿命　ヒトの体をつくる細胞や器官にも寿命がある！？ —————— 70

卵子 / 小腸の絨毛の細胞 / 体内の食べ物 / 精子 / 味細胞 / 血小板 / 白血球 / 嗅細胞 / 皮膚 / 赤血球 / まつ毛 / 肝臓の細胞 / 骨 / 髪の毛 / 歯 / 筋肉 / 心臓 / 爪 / 脳の神経細胞 / 肺

⭐ 日本人の寿命　日本が長寿大国になるまでの歴史を見てみよう —————— 76

旧石器時代 / 縄文時代 / 弥生時代 / 古墳時代 / 飛鳥・奈良時代 / 平安時代 / 鎌倉時代 / 室町時代 / 安土桃山時代 / 江戸時代 / 明治時代 / 大正時代 / 昭和時代 / 平成時代

⭐ 世界の人の寿命　国の情勢は寿命にどう影響するのだろう？ —————— 82

レソト / シエラレオネ / 中央アフリカ / ナイジェリア / パプアニューギニア / イエメン / インド / シリア / ロシア / 北朝鮮 / 中国 / メキシコ / アメリカ / キューバ / デンマーク / フランス / シンガポール / オーストラリア / アンドラ / 日本

⭐ 建築物の寿命　建物はどのようにして生かされているのだろう？ —————— 88

公園の遊具 / 水泳プール / 学校の校舎 / 高速道路 / 東京タワー / 家 / マンション / トンネル / 東京スカイツリー / ダム / エッフェル塔 / 自由の女神 / サグラダファミリア / タージマハル / 万里の長城 / 鎌倉の大仏 / モアイ / 法隆寺 / コロッセオ / クフ王のピラミッド

⭐ 天体の寿命　空と宇宙の壮大な一生を知ろう —————— 94

虹 / 飛行機雲 / 雨 / マジックアワー / オーロラ / 雷雲 / ゲリラ豪雨 / 放射霧 / 雪 / 台風 / 梅雨 / ハッブル宇宙望遠鏡 / 星 / ベテルギウス / プレアデス星団 / 月 / 太陽 / 地球 / 宇宙 / ブラックホール

⭐ ふろく —————— 100

⭐ あとがき —————— 106

⭐ 索引 —————— 108

⭐ 参考文献 —————— 110

この図鑑の見方

この図鑑では、動物や人、身のまわりのモノなど、全部で324個のあらゆるものの寿命を紹介しているよ。

星の線
この線をたどっていけば、寿命順に読み進めることができるよ！

紹介するもののイラスト
みんな天使のわっかがついているよ。

紹介するものの名前

♥寿命の数字
一生の長さをあらわす目安の数字。
たまに（注意書き）もあるからそれも読んでね。

解説
紹介するものの寿命や、生き方や死に方にまつわるエピソードを紹介しているよ。

寿命
[♥寿命の数字] を平均して簡単にあらわしたもの。

―――― ＜寿命年数の記載について＞ ――――

【動物の寿命 / 海の生き物の寿命 / 鳥の寿命 / 昆虫の寿命】…自然状態で成長していった場合の目安の数値、もしくはある観察データ、研究データなどから引用したものを記載。なお、天寿を全うした場合の平均寿命の目安（実際は、産まれてすぐ死ぬ、または事故などで死ぬものが多い）。「飼育下」での寿命など、例外の場合は注意書きを記載。

【植物の寿命】…芽が出てから、枯れて死んでしまうまでの期間の目安を記載（一部例外あり）。

【食べ物の寿命】…適した方法・場所で保管した場合、安心しておいしく飲食できる期間の目安を記載。

【モノの寿命】…品物をつかいはじめてから消耗しきる、または使用続行がむずかしい状態になるまでの期間の長さの目安を記載。もしくは品物の質が落ち、買いかえがオススメとされる時期までの長さの目安を記載（一部例外あり）。

【機械の寿命】…家電や自転車などの品物の場合は、品質が落ち修理などが増え、買いかえがオススメとされる時期までの長さの目安を記載。新幹線など大きな乗り物の場合は、安全を考慮して買いかえられたり、リニューアルされたりするまでの長さの目安を記載（一部例外あり）。

【日本人の寿命】…ある観察データ、研究データなどから引用した平均寿命の目安を記載（大昔の人の平均寿命が10代と非常に短いのは、乳幼児の死亡率が非常に高いため）。

【世界の人の寿命】…「国連経済社会局人口部　世界人口推計　2015年改訂版」より引用。2010～2015年の、5年間の平均寿命を記載。

【からだの寿命】…自然状態で成長していった場合の目安の数値、もしくはある観察データ、研究データなどから引用した平均寿命の目安を記載。

【建築物の寿命】…ある観察データ、研究データなどから引用した平均寿命の目安、もしくは耐用年数を記載（耐用年数：品質を確保した設計、施行、管理をおこなっていくために、設計段階であらかじめ決められた狙いの寿命の数値）。寿命が不明なものは現在の年齢を記載。

【天体の寿命】…ある観察データ、研究データなどから引用した平均寿命の目安、または現時点で推測される寿命を記載。

〈むずかしい言葉〉

この図鑑では、大人にとってもむずかしい言葉がときどき出てくる。
その言葉たちの意味を、先に解説しておくよ。（あいうえお順）

❊ あ行

「一夫多妻制」…一人の男性が複数の女性を妻とすること。

「おしべ」…花の中にある雄性生殖器官。花糸（＝糸状の部分）と薬（＝花粉の入った袋）からなる。花粉が風や虫によってめしべに運ばれる（受粉する）と、めしべの子房の中で、あたらしい子孫を増やすための種子ができる。

❊ か行

「干ばつ」…雨が降らないなどの理由で土壌がかわききった状況。農作物が育たなかったり、水不足におちいる。

「寄生」…ある生物が、ほかの生物についたり内部に入りこんだりして、そこから栄養をとるなどして生活すること。

「共生」…一緒に生きていくこと。または、ちがう種類の生物どうしが互いの欠点を補い合って生活する現象。

「貴族」…社会で暮らす人々と区別された名誉や称号を持つ集団。

「騎馬民族」…馬を移動手段とし、非定住生活を送る遊牧民。

「屈折」…光や音の波が、ある媒質からほかの媒質に進むとき、その境界面で進行方向を変えること。たとえば、光が水中に差しむときに水面で折れまがるのが屈折。

「高度経済成長」…日本経済が急成長した、戦後1950年代なかば〜1970年代はじめまでの経済成長。

「交尾」…動物が子孫を残すため、生殖器を結合する行為。

「高齢化」…65歳以上の老年人口が増大すること。

「国境なき医師団」…世界各地で医療・人道援助をおこなう国際NPO。さまざまな国籍のスタッフで結成されている。

❊ さ行、た行

「細胞」…すべての生物の体をつくる、小さな構造の単位。

「COPD」…慢性閉塞性肺疾患ともいう呼吸器の病気で、主因はタバコ。息切れなどを引き起こす。

「湿度」…大気中にふくまれる水蒸気の割合。

「自転」…惑星や衛星が、自身の主軸を中心に回転すること。

「射精」…男性（オス）の生殖器から、精子をふくむ精液を出すこと。

「常温」…冷たりしたり熱したりしない平常の温度のこと。

「上昇気流」…上方に向かう気流。雲をつくり雨を降らせる原因となる。

「消費期限」…期間を過ぎたら安全面に問題が生じる可能性があると製造元が記したもの。消費期限を過ぎたものは腐っている場合があるので食べないほうがいい。

「賞味期限」…食料品をパッケージされたまま、適した環境で保存した場合に、安全性や味などの品質が維持されると製造元が保証する期限のこと。

「新陳代謝」…あたらしいものが古いものに入れかわること。生物が必要な物質を体内に取り入れ、不要となったものを体外に排出する現象。

「水蒸気」…水が蒸発して気体となったもの。

「精巣」…男性（オス）の体内にある生殖器。ここで精子がつくられる。

「精子」…精巣でつくられる生殖細胞。オスがメスと交尾をしたとき（男性が女性と性交したとき）に、メス（女性）の体内に送りこまれ、卵子とめぐり合うことで子どもができる。

「脊椎動物」…背骨を持つ動物。⇔無脊椎動物

「戦後改革」…日本が第二次世界大戦に敗れたあと、連合国軍総司令官のマッカーサーが日本におこなった民主化・自由化を進めた改革。

「脱皮」…動物が古い表皮をぬぐこと。

❊ は行

「半永久」…ほとんど永久に近い長い期間。

「脾臓」…左のわき腹、胃のうしろにある臓器。老化した赤血球、血小板を壊す働きをする。

「品種改良」…農作や家畜において、より人間に有用な品種をつくり出すこと。

「貧富」…貧しいことと富んでいること。貧乏人とお金持ち。

「腐葉土」…枯れて落ちた木の葉っぱや枝が、長い年月をかけて土状になったもの。

「貿易」…外国どうしでおこなわれる商品の売買。

「哺乳類」…母乳で子を育てる特徴を持つ生物群。

❊ ま行、や行、ら行、わ行

「めしべ」…種子植物の花の中心にある雌性の生殖器官。おしべの花粉が付着し受粉すると、子孫を残すための種子ができる。

「夜行性」…夜に活動し昼間は寝る性質のこと。コウモリやフクロウなどが夜行性。

「裸子植物」…種子植物のうち、胚珠（種子の元の姿）がむきだしになっているもの⇔被子植物の場合、胚珠はめしべの根元の子房に包まれている。

「卵巣」…女性が持つ、子宮の両側にある臓器。卵子をつくる。

動物の寿命

この世界には、約100万種の動物が生息している。そして、それぞれがちがった寿命を持ち、ちがった一生を送るんだ。たとえば、ほかの動物を食い殺して生きていくものもいれば、人にペットとして飼われ生きていくものもいる。仲間と群れをつくり暮らすものもいれば、生涯をひとりで過ごすものもいるんだ。そんな、個性いっぱいの動物の一生を、これから紹介していくよ。

寿命 1年

ぼくの心臓はちいさい

600

★ ハツカネズミ
♥ 1年と少し
哺乳類は、小さな動物ほど心臓の音が速く、心臓の音が速い動物ほどはやく死ぬんだ。1分間に、人の心臓が60〜70回ドクンというのにくらべ、ハツカネズミは600〜700回、ドクドクドクン！チョロチョロと走りまわって、短い命を必死に駆け抜けているんだよ。

たくさん狩ります、生きるため

寿命 1年

★ イタチ
♥ 1年と少し
ネズミやウサギ、鳥やトカゲ、手に入るものはなんでも食べてしまうイタチ。肉食動物のなかで一番小さな体をしているけれど、ぴょんぴょんとすばやく動きまわり、自分より大きな獲物をひとりでつかまえる。きびしい自然を生き抜く立派なハンターだ。

おれのこどもを生んでくれ〜♪

★ ニホンアマガエル
♥ 2〜3年
アマガエルの多くは、1歳になるまでに敵におそわれ死んでしまう。生き残ったものたちは、子孫を残すために活動をはじめるよ。夏になると、「グワグワグワッ！」と、大合唱。これは、オスがメスに向けて歌うラブソング。俺の子どもを生んでくれ〜♪という必死の猛アピールなんだよ。

寿命 2年

ほんとはもっと生きられます

★ 肉牛
♥ 2年と数ヶ月
本当は約20年生きていられる牛。だけど、食用になる牛は2〜3年人に育てられたあと、人が食べるお肉に加工される。人に食べられるために生きていて、人が生きるために食べられる命なんだ。たくさんの牛の命をいただいて、人は生きている。

★ ゴールデンハムスター
♥ 2〜3年
ハムスターはひとりで生きていくタイプ。子どもをつくるときだけ、くんくんにおいを嗅いで、お気に入りの異性をさがすんだ。でも、子どもができたらすぐにバイバイ。お母さんだけで子育てをはじめるよ。そして、お父さんに会うことは二度とないんだ。

お父さんには二度と会えない

くんくん
BYE BYE
さよなら

寿命 2.5年

土の中で生きています

アズマモグラ
♥ 3〜5年

モグラはトンネル掘りの名人。食べ物をためるところ、休むところ、トイレなど、たくさん部屋があるトンネルを、よいしょよいしょと土の中につくって暮らしている。そのトンネルの中に落ちてくるミミズやハエの幼虫を食べて生きているんだ。

寿命 **4年**

人の生活、利用します

アライグマ
♥ 5年

いつもは、川や山でカエルや魚を食べているアライグマ。そんなアライグマにとって、人が育てたトウモロコシはごちそう。人が収穫する前に食べちゃおうと狙っている。人の家の物置とか、意外と近いところに隠れていたりするんだ。

寿命 **5年**

ニホンノウサギ
♥ 4年未満

ノウサギが変身するのは、ヒーローのように戦うためではなく、自分の命を守るため。雪がよく降るところに住むノウサギは、冬になると毛が生え変わり、茶色い姿から雪と同じ白い姿に変身するんだ。ワシやタカなどの天敵から、見つからないようにね。

寿命 **4年**

野良ネコ
♥ 5年

夜にニャ〜ニャ〜鳴いたり、勝手に庭に入ってきたり、人を悩ませる存在でもある野良ネコ。だけど、ごはんをさがしたり寒い冬を乗り越えたりして、ニャンとも一生懸命生きている。きびしい生活をしているから、寿命が約20年の飼いネコほど長くは生きられないんだけどね。

わが子をすてることもある

キクガシラコウモリ
♥ 4〜5年

きびしい寒さで、食べ物の虫がなかなかつかまらない…。そんな冬でも、おっぱいで赤ちゃんを育てなければならない母コウモリは、虫を一生懸命さがす。けれどもなかなか見つからないときは、子育てをあきらめ、子を捨ててしまうこともあるんだ。

寿命 **4.5年**

寿命は飼いネコの4分の1

寿命 **5年**

寿命 10年

別れはとつぜんやってくる

★ キタキツネ
♥ 10年
キタキツネは産まれて5〜6ヶ月経ったころ、今までやさしかった母親が攻撃してくるようになる。これは、子どもを独り立ちさせるための行為。突然お母さんにつきはなされた子どもたちは、「ギャーギャー」と悲鳴のような声をあげ家を出ていき、一人で成長していくんだ。

寿命 11年

ぼくの毛、大事につかってね

★ めん羊
♥ 10〜12年
めん羊とは家畜（主に毛用）のヒツジのこと。毎年春に刈りとられるモコモコの毛は、セーターやカーペットに加工される。また、食肉種だと、生後1年未満の子羊の肉は「ラム肉」とよばれ、ヘルシーでやわらかく、世界中で親しまれている。ヒツジの命は、いろんな形で人をあたためてくれているんだね。

★ モリアオガエル
♥ 10年
2〜3歳で繁殖期がやってくるモリアオガエル。まず、メスが水辺の木に登ると、「待ってました！」と数匹のオスがメスの背中にしがみつく。そしてなんと、オスがおしっこを足でかき混ぜてつくった泡の中に、メスが卵をたくさん産む。そんなあわあわの中から、赤ちゃんたちが生まれてくるんだ。

泡の中から生まれます

寿命 10年

寿命 10年

私にふさわしい男は？

★ オオアナコンダ
♥ 10年
交尾の時期になると、メスのフェロモンにオスたちがにょろにょろとあつまってくる。そして、1匹のメスの体に数匹のオスがからみついて取り合う状態が、4週間もつづくことがある。アピールが実ってえらばれたオスは、ようやくメスと交尾ができる。まるでメスは女王様のよう。

★ ニホンジカ
♥ 10〜20年
7〜8歳で交尾の時期をむかえたニホンジカのオスは、見た目や行動が一変する。メスに惚れられるため、やわらかい角は骨のようにかたくなり、首のまわりの毛はたてがみのようにのびる。そうして恋人をゲットしたオスは、ほかのオスが近づかないようしっかりとメスをガードするんだ。

寿命 15年

モテたいんです

人と共生しているよ

★ 飼い犬
♥ 8〜15年
犬の祖先は、人がおそれるオオカミだった。だけど、今は人と犬の仲良し。ペットだけじゃなく、盲導犬や警察犬など、いろいろな場面で人の役に立ってくれているね。寿命は犬種によってちがい、小型犬で15年、大型犬で8〜10年といわれているよ。

寿命 **11.5年**

★ ノドチャミユビナマケモノ
♥ 12年
のんびりとしか動かないナマケモノは、地上におりると、すぐに敵に狙われちゃう！だから、生きているあいだのほとんどを木にぶらさがって過ごすんだ。だけど、トイレのときだけは別。うんこをするために、地上におりなきゃならない。命がけのうんこだ。

うんこに命がけ

寿命 **12年**

★ オオカミ
♥ 8〜16年
巣穴で母親に育てられたオオカミの子どもたち。次は父親から、オオカミ家族は互いの口をなめ合って挨拶することや、ほかの群れとの交信に欠かせない遠吠えの仕方などを学ぶ。そうして家族の群れで行動し、協力して狩りをしながら生きていくんだ。

家族で群れをつくる

お〜ん

寿命 **12年**

狩りはしんちょうに

★ トラ
♥ 15年
するどい牙や爪があって強いイメージのトラだけど、獲物をつかまえるのはなかなか大変。シカやイノシシを見つけると、しげみに大きな体を隠しながら、じわりじわりと近づいて、最後に飛びついてがぶりと噛みつく。これが成功したら、やっとごはんの時間。とても強そうなトラだって、食生活には一苦労だ。

寿命 **15年**

袋の中ですくすく

寿命 **15年**

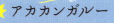

★ アカカンガルー
♥ 12〜18年
カンガルーのお母さんのお腹には、赤ちゃんを育て、守る袋がある。2.5cmほどしかない生まれたての赤ちゃんは、お母さんの袋の中でおっぱいを飲んで、ぐんぐん大きくなるんだ。あったかくて心地よいお母さんの袋で、半年以上過ごすんだよ。

寿命 15年

食べられる命です

ブタ
♥15年
ブタの本来の寿命は約15年。けれども食用のブタたちは、その天寿を全うすることなく、生後6〜7ヶ月で出荷殺される。私たちがいつも食べているおいしいハムやトンカツは、そのブタたちの命なんだ。

グリーンイグアナ
♥20年
敵があらわれると、長いしっぽをゆら〜りゆらりと動かし、相手の目をくらませる。しかも、もしそのしっぽをつかまえられたら、自分でしっぽを切っちゃうんだ。でも大丈夫！またあたらしいしっぽが生えてくるからね。

ほえかわるしっぽ

寿命 20年

ジャイアントパンダ
♥15〜20年
パンダは、ほかの敵と争うのを避けて山奥で暮らすようになったことから、笹や竹を食べるようになった。でも、もともとの体のしくみは肉食動物に近いから、笹や竹からとれる栄養はわずか。そのため、できるだけ多く栄養をとろうと、パンダは1日のほとんどの時間をかけて、笹や竹を食べまくるんだ。

1日中、むしゃむしゃ

寿命 17.5年

百獣の王だって必死さ

ライオン
♥15年
群れで育てられたオスライオンは、成長すると群れのボスに追い出されてしまう。『百獣の王』と呼ばれるライオンも、若いころから狩りがうまくできるわけではなく、何度も挑戦して慣れていくんだ。ちなみにライオンはあまり足が速くないので、狩りは4回に1回しか成功しない。

寿命 15年

キリン
♥25年
キリンといえば長い首。この首のおかげで、高い木の葉っぱを食べたり、広いサバンナを見渡して敵がいないか確認したりすることができる。けれど、水を飲むときは不安定な体勢をとらなければいけない。その瞬間を、肉食動物に狙われているんだ…。

長〜い首のいいとこ、わるいとこ

寿命 25年

★ ウマ
♥ 20年
ウマは、いくつかの家族があつまって群れをつくり、その群れの仲間に深い愛情をしめすんだ。人に対しても尽くす心があるから、昔は戦争につかわれたりもしてきた。相手を想って行動する、やさしい生き物なんだよ。

あなたに尽くします

寿命 20年

★ コアラ
♥ 20年
コアラのごはんは、ユーカリという葉っぱ。ユーカリには毒があり、赤ちゃんは食べられない。そこでお母さんは、自分のうんこを赤ちゃんに食べさせ、毒をなくす微生物を分けてあげる。そうして、ユーカリを食べて育つ立派なコアラへと成長する。

たんとおたべ！

寿命 20年

うんこもぐもぐ

凶暴なのにはワケがある

ボク、いつもよりかっこよくない？

★ アカハライモリ
♥ 20〜25年
交尾の時期がやってくると、オスはメスにアピールするため、しっぽの色を変えたり太くしたりする。そして、メスの首元にがっしり手を添え、かっこよくなったしっぽをピロピロふってみせる。求愛ダンスをおどって、必死に愛をつたえるんだ。

寿命 22.5年

★ コモドオオトカゲ
♥ 30年以上
トカゲのなかで一番体が大きくて、そして一番よく食べる！なんと、イノシシやシカ、大型の水牛や人さえも、噛みついて毒を流しこみ、殺して食べてしまうんだ。1回の食事で自分の体重の80%の量を食べてしまうほど、強烈な食欲の持ち主。

寿命 30年

★ ヒグマ
♥ 25〜30年
クマは、一生に産む子どもの数が限られている。そのため、産まれた子はお母さんにとってかけがえのない存在。だから、子グマに近づくものをいつも警戒し、ほかのクマや人を攻撃してしまうんだ。母グマが凶暴なのは、子育てに一生懸命な証なんだね。

寿命 27.5年

グルメに生きています

15

★ ミシシッピアカミミガメ

♥ 25〜40年(飼育下)

お祭りの「カメすくい」などでよく見られるこのカメ。海外から日本に持ちこまれ、人の勝手でいっぱい増やされたんだ。それなのに、水の生き物をなんでも食べてしまうからとか、成長がはやく寿命が長いので手におえず捨ててしまう人が多いとか、人の都合で問題児扱いされている。

ふやされ、すてられ…

寿命 32.5年

寿命 45年

一生ここでくらすんだ"

はいるべからず

★ シロサイ

♥ 45年

シロサイのオスは、自分のなわばりを守るため、うんこの山をこしらえる。そのうんこを蹴散らしたり、おしっこをまき散らしたりして、こっちに入ってくるなとアピールするんだ。一生のほとんどを、同じ範囲で過ごすといわれているよ。

カバなりの発想です

寿命 35年

★ カバ

♥ 35年

カバは考えたんだ。「動かなかったら、食べなくてもお腹すかないかも！」って。だからカバは、ほとんど動かずにあたたかい水の中にいる。そして、ふぁ〜っと大きなあくびをしながら、のんびり過ごす。体が大きいわりに、ごはんをたくさん食べないでも平気なんだ。

まめちしき
汗のかわりにネバネバした液体を出して紫外線から体を守るよ

★ ゴリラ

♥ 35年

ゴリラは一夫多妻制。お父さんと、お母さんと子どもが数頭ずつで暮らしている。群れをしきる背中の毛が白銀色のお父さんは、「シルバーバック」とも呼ばれている。お父さんは群れをまとめるのに大事な存在で、お母さんや子どもたちからとても頼りにされているんだ。

お父さんがんばります

寿命 35年

★ ヒトコブラクダ

♥ 30〜40年

喉がかわくと、一気に100ℓもの水を飲むラクダ。だけど、じーっと動かなかったら、10ヶ月も水を飲まずに生きていられるんだ！ちなみに、今いるヒトコブラクダはみんな家畜で、野生のものは絶滅してしまっているよ。

ラクダってラクだね〜

寿命 35年

ナイルワニ

♥ 45年

魚はもちろん、シマウマ、カバ、鳥など、目の前を横切るものは、なんでもおそって食べようとする。そんな凶暴なワニだけど、お母さんは子どもを愛情たっぷりかわいがるんだ。強面だけど、子どもにはやさしい顔。子育てに一生懸命なんだよ。

わがこにやさしくします

寿命 **45**年

ぐーすかぴー
すやすや

寿命 **100**年

1853年 がらパゴス諸島に 自然科学者 チャールズ・ダーウィンが 訪れていることが有名。
charles Darwin

ガラパゴスゾウガメ

♥ 100年以上

ガラパゴスゾウガメの生活は、ザ・シンプル。草やサボテンを食べて、お日様を浴びて、とにかく寝るんだ。なんと1日24時間中、16時間も寝る。そうして152歳まで生きたものもいるよ。脊椎動物のなかで、最も長生きする生き物だ。

チンパンジー

♥ 40〜45年

チンパンジーのお母さんと子どもはとっても仲良し。小さいときはもちろん、おっぱいを卒業したあとも、母子でぴったりひっついている。毛繕いしたり、一緒に遊んだりしているんだ。子どもが13〜15歳の大人になっても途切れることなく、ずーっと仲良し。

お母さんだいすき

寿命 **42.5**年

寿命 **75**年

マイペースにくらしています

オオサンショウウオ

♥ 50〜100年

水からめったに出てこないし、夜行性だし、見つけることはなかなかむずかしい…。いつもは岩のような体をのっそりのっそり動かしているオオサンショウウオ。だけど、鼻先に獲物が近づいたときには、バクッ！と見事な速さで食べちゃうんだ。

アフリカゾウ

♥ 70年

ゾウの群れはメスだけでつくられる。危険から子どもたちを守ったり、誰かがおそわれると助けたり、出産があるときは手伝いをしたりと、協力し合って暮らす。ゾウの大きな体には、それぞれたくさんの思いやりがつまっているみたい。

オンナたちのきずな

寿命 **70**年

海の生き物の寿命

地球の青は、海の青。海は、地球の7割を占めている。その広い広い海の中で、たくさんの命が生活している。生き抜くために、自分より小さな魚を食べたり、ほかの魚が産んだ卵を食べることもある。きびしい海の世界で、みんな自分に合った生き方を見つけて一生懸命生活しているよ。さあ、海の命をのぞいてみよう。

男たちの死に様

寿命 1週間

⭐ チョウチンアンコウ
♥ 飼育開始〜1週間
大人に成長したオスの体は、メスの20分の1サイズ。交尾の時期になると、メスの体にガブッと噛みつき精巣だけの姿になっていく。そして、そのままメスの体内に吸収され、メスは自分だけで卵を産める体になるんだ。寿命は不明だが、水族館で飼われたことが2回あり、両方1週間ほどで死んだという記録がある。

卵がそのまま大人の姿に

寿命 1.5年

⭐ ミズクラゲ
♥ 1〜2年
ミズクラゲの卵はとっても小さく、直径0.2mmほどしかない。卵はいろいろと形を変えながら成長し、直径30cmほどの大人の姿になっていくんだ。大人になって出産を終えると、オスもメスも死んでしまう。ゆらゆら揺れる不思議なクラゲは、一生も不思議だね。

⭐ イトヨ
♥ 1年
オスはプロポーズするとき、いつもは青い体を赤と黄色に変色させる。そして川の底に巣をつくると、ジグザグダンスと呼ばれる愛のダンスをおどり、メスを巣の中へと誘うんだ。プロポーズが成功すると、卵を産んで、オスが一生懸命守るんだよ。

オスが尽くします

寿命 1年

寿命 1年

⭐ アオリイカ
♥ 1年
アオリイカの最期は産卵のとき。メスが、白くて厚い袋に入った卵をたくさん産むと、オスもメスも死んでしまう。袋に守られながら、赤ちゃんはイカらしい姿へと成長していき、大きくなったら袋から飛びだしていく。その多くが魚に食べられてしまうけれど、生き残ったイカたちで、群れをつくって生活していくんだよ。

袋の中から生まれるよ

⭐ シラウオ
♥ 1年
シラウオのオスのおしりには、吸盤のような鱗が20枚ほどついている。これは、精巣が小さく、つくれる精子が少ないオスにとって大事な鱗。交尾のときはこの鱗をつかってメスと密着できるようにして、子どもができる確率を高めているんだ。

寿命 1年

NOウロコ NOベイビー

光をたよりに子づくり

寿命 **8年**

まめちしき

★ バフンウニ
♥ 8年
ウニには目がない。そのかわり、トゲに光を感じる器官があって、卵を産む時期になると光を頼りにぞろぞろとあつまってくる。メスが卵を海中に吹き出すと、次にオスが精子を吹き出してかける。そうやって、みんなで次の命をつくるんだ。

満潮の夜に生まれる

★ アカテガニ
♥ 10年
満潮の夜がやってくると、お腹に卵を抱えたメスたちが海に入っていく。そして体を震わせると、卵から赤ちゃんたちがいっせいに出てくるんだ。赤ちゃんは約0.5mmの小さなプランクトン。数回脱皮をすることで、だんだんカニらしい姿になっていくんだよ。

寿命 **10年**

★ マンボウ
♥ 最大10年（飼育下）
1回の産卵でなんと2億粒以上の卵を産むマンボウ。卵は海面をゆらゆら流れていくけれど、そのあいだにほかの動物に食べられてしまうことがほとんど…。運よく生き残った卵から赤ちゃんが生まれ、そのあとはひとりで成長していくんだ。野生下での寿命は、まだはっきりわかっていない。

子どもたち、どうか生きぬいて

寿命 **10年**

まめちしき
体長3ろメートル
すきなたべものはクラゲ

目がどうしたら一人前

★ ヒラメ
♥ 12〜15年
ヒラメは産まれたころ、ほかの魚と同じように両側に目がある。けれど、成長とともに右目が体の左側に移動し、1ヶ月も経てば左側に両目がそろう。すると、体の左側を上に向けて海底で暮らすようになる。砂に隠れて待ちぶせして、獲物をつかまえるんだ。

寿命 **13.5年**

父と母のやくわりぶんたん

★ コウテイペンギン
♥ 15〜20年
メスは、卵を1つ産むと2ヶ月間狩りの旅に出る。そのあいだ、オスは飲まず食わずで、極寒のなか子どもを足の上であたためつづけるんだ。メスが帰ってきて、胃にためていた食べ物を吐きもどして子どもにあげると、ようやくオスは自分のごはんをさがしに、海へと出ていけるんだ。

寿命 **17.5年**

音をたよりに生きています

ハンドウイルカ
♥40年
寿命 **40年**

ピー、キーキー、ヒューヒューとイルカの会話はとってもにぎやか。ホイッスルのような声で仲間を呼び合ってコミュニケーションをとる。獲物を狙うときには、1秒に1000回もカチカチという声を出す。そして、その音がはねかえってくる感覚で、遠くにいる獲物の存在を確認しているんだ。

寿命 **50年**

アカウミガメ
♥50年

メスは20歳になると、卵を産むために自分が産まれた砂浜まで帰ってくる。そして、ふるさとの砂浜で、一生懸命出産をする。孵化した赤ちゃんたちは、カニや鳥の天敵から必死に逃げて、小さな体で海へと向かう。そして、海での成長の旅に出ていくんだ。

生まれたときからキビシイ

まめちしき
たまごをうむ時になみだを流すのは体内のえんぶんを調せつしているから

ワモンアザラシ
♥40年
寿命 **40年**

お腹に赤ちゃんがいるメスは、雪の中に巣をつくりはじめる。その巣の中で赤ちゃんを1頭産んで、1〜2ヶ月暮らすんだ。天敵のキツネから生きのびて無事に成長できた赤ちゃんは、巣の屋根を自分の頭で突きやぶって出てくるんだ。

自分で生きられるまで

ホホジロザメ
♥70年

ホホジロザメの赤ちゃんは、お母さんのお腹の中にいるあいだに、卵から出てくる。卵から出てきた赤ちゃんは、まだ産まれていない卵を食べちゃうんだ。そうやって、生き残った赤ちゃんだけが、お腹の中で成長して産まれてくるんだよ。

はやく産まれたもの勝ち

寿命 **70年**

寿命 **40年**

身をよせあっています

セイウチ
♥40年

セイウチは、お父さんが1頭に、奥さんがいっぱい、その子どもがいっぱいあつまって、ぎゅうぎゅうと苦しそうなぐらいの大きな群れをつくる。メスは、約2年に1回しか赤ちゃんを産むことができない。だから、子どもをたくさん残すために、オスは多くのメスと交尾をするんだ。

鳥の寿命

鳥は、空を飛びまわったり、ときどき木にとまったり水に入ったり…。一見みんな同じ過ごし方をしているふうにも見えるけれど、暮らしや夫婦の結ばれ方、子育ての仕方などに注目すると、まったくちがう一生を送っていることがわかるんだ。体の色や、カタチもそれぞれ。個性あふれる鳥の一生を観察してみよう。

子育てがうまくいかない

寿命 1.5年

★ スズメ

♥ 1.5年

人の近くで暮らすことで、カラスなどの敵から身を守っているスズメ。しかし、都市が増えて建物が密集するようになり、巣をつくる家の隙間や、食べ物をとれる草地がなくなってきた。その影響でスズメの子育てがうまくいかず、数が減っているんだよ。

シティライフはもう慣れっこ

★ カラス

♥ 8年

カラスは、都市にとけこんで生活をしている。街のなかでは、鉄塔や広告塔などの人が登れない高い場所に、針金やハンガーなどをつかって巣をつくるんだ。朝はやくにゴミをあさりに出かけ、昼は公園などで遊ぶ。そして、夕方になると巣に帰るという毎日を送っているんだよ。

寿命 8年

南の国へいってきます

★ ツバメ

♥ 1.5年

ツバメは、春は日本、冬は東南アジアやオーストラリアなどで生活する。秋になると、1ヶ月のきびしい長旅に向け虫をたくさん食べて体力をつけ、出発！南国へ到着すると、木や電線の上で過ごし、あたたかくなるとまた日本へもどって子どもをつくる。この長旅は、一生に2～3回おこなわれるんだよ。

寿命 1.5年

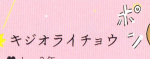

ボクと結婚してください

★ キジオライチョウ

♥ 1～3年

オスたちは春になると、100羽以上あつまって巨大な出会いの場をつくる。それぞれが、自慢の尾羽を扇形にひらいて、大きな胸の袋に4ℓもの空気を吸いこみ、ポンという音を出してメスにアピールするんだ。けれど、メスをゲットできるのは、100羽に1羽というきびしさ。

寿命 2年

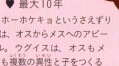

子どもつくろうよ～♪

ホーホケキョ

★ ウグイス

♥ 最大10年

ホーホケキョというさえずりは、オスからメスへのアピール。ウグイスは、オスもメスも複数の異性と子をつくるのが特徴だ。巣がヘビに狙われることが多く、赤ちゃんの生存率は30％以下。ウグイスの死についての情報は、野生で記録された最高寿命が10年ということがわかっている程度なんだ。

寿命 10年

魚でプロポーズ ♥

カワセミ
♥ 6〜14年

カワセミのプロポーズには、プレゼントの儀式がある。メスが翼をふるわせ魚をねだると、オスは魚を差し出し、ピッピッピーと力強く鳴いてプロポーズ。複数のオスからプロポーズされたメスは、一番多く魚をくれたオスと結婚する。狩りの上手さは、これから協力して子育てをしていくパートナーとして、重要なポイントだからね。

寿命 10年

期間限定おしどりふうふ

オシドリ
♥ 10〜20年

派手な体を持つオスは、うつくしい羽を逆立ててメスにプロポーズ。メスと結ばれると、「ほかのオスに妻をうばわれまい」と、ぴったり寄り添って過ごすんだ。けれど、メスが卵を産むと夫婦は別れてしまう。半年ごとに、ちがう相手と夫婦になるんだよ。

寿命 15年

パパとママのミルクで育つ

カワラバト
♥ 10年

ハトは卵を産むと、夫婦で交代しながらあたためる。赤ちゃんは、両親の内臓でつくられるミルクを、口うつしで飲ませてもらって育つんだ。このミルクは「ピジョンミルク」といって、栄養たっぷり。すくすく成長した赤ちゃんは、生後1ヶ月で独り立ちするよ。

寿命 10年

ニワトリ
♥ 10年

ニワトリの卵は2種類ある。1つは、オスとメスが交尾して産む有精卵で、ヒヨコが生まれる卵だよ。もう1つは、メスだけで産む無精卵。人がいつもスーパーで買って食べている卵だ。ニワトリの本来の寿命は長いけれど、無精卵をたくさん産んだり、食肉としてあつかわれる家畜のニワトリの寿命は、約2ヶ月〜3年と短いんだ。

2種類の卵を産む

寿命 10年

つつくことがワタシの使命

キツツキ
♥ 10年

コツコツと、1秒間に20回も木をつつくキツツキ。つつくときの衝撃から脳を守るために、キツツキの頭の骨は厚くできているんだ！できた穴は、虫をとって食べるエサ場にしたり、家族の巣にしたりする。キツツキが木から虫をつかまえることは、木が健康に生きることの助けにもなっているんだよ。

寿命 10年

父は新幹線より速い

寿命 **15年**

★ ハヤブサ
♥ 15年

ハヤブサがオスよりメスのほうが体が大きい理由。それは、オスは軽い身のこなしで狩りをおこない、メスは大きな体で子どもを守るためだ。オスの最高速度は時速400km。新幹線よりも速いんだ！狙いを正確に定め、足の爪で獲物をつかみ、くちばしの一撃でしとめる。とらえた獲物は、メスがちぎって子どもに与えるんだよ。

ボクの"あずまや"どうですか？

寿命 **25年**

★ ニワシドリ
♥ 20〜30年

ニワシドリのオスは、「あずまや」という建築物をつくる。自分であつめてきた小枝を組み合わせ、独自のセンスで花や貝、木の実などで装飾する。そのあずまやに魅了されたメスが、その中でオスと交尾をするんだ。自分の子孫を残すのに必死だから、ほかのオスがつくったあずまやを壊すこともある。

モテたいんです！

寿命 **20年**

★ クジャク
♥ 20年

目玉模様の羽を200本以上持つうつくしいクジャク。じつは、この羽を持つのはオスだけでメスは地味。オスは、パッと羽を大きく広げ、メスを包みこんでプロポーズをする。受け入れてくれることは少ないんだけど、人気のあるオスは、メスを数羽あつめて群れをつくるという、モテ格差社会だ…。

★ カルガモ
♥ 20年

カルガモの赤ちゃんは、生まれてはじめて見た動くものを、お母さんだと思いこむ。お母さんにあたためられて生まれた赤ちゃんは、お母さんをまちがえない。けれど、人工的に卵からかえった赤ちゃんは、最初に見たものが人や人形でも、それをお母さんだと思ってしまうんだ。

お母さんについていきます

寿命 **20年**

くらやみで生きぬく

★ フクロウ
♥ 20年

森林で生活するフクロウ。暗闇でも、音だけで獲物を確認できるフクロウは、夜になると木の上でじっと待つ。ネズミやモグラなどの気配を感じると飛び立ち、獲物を足でつかんで爪を刺し、がっしりつかまえるんだ。フクロウの羽は丸みをおびているので、羽ばたく音を消すことができるんだよ。

寿命 **20年**

昆虫の寿命

昆虫は、体がとっても小さくて寿命もそんなに長くない。けれども、生まれ持った能力や知恵をつかって、一生懸命自分の命を守り、子孫を残そうと頑張っている。見た目がちょっと気持ち悪かったり、ときどき人を刺したりするから嫌われがちの昆虫だけど、その生き様を知れば、きっと君もファンになるよ。

寿命 1ヶ月

⭐ アブラムシ

♥ 1ヶ月

アブラムシは体から甘い液体を出す。もし、液が体でかたまるとカビが生えて死んでしまうことがあるので、その液体が大好きでなめてくれるアリと、アブラムシは共生生活をしているんだ。アリは甘い液をもらうかわりに、アブラムシの敵であるテントウムシから守ったり、巣まで運んであげたりもするんだよ。

アリとの共生生活

くさったものがすき

寿命 1ヶ月

⭐ キイロショウジョウバエ

♥ 1ヶ月

キイロショウジョウバエのメスは、生まれて3〜4日後に腐った果実などに卵を産みつける。ハエの幼虫は、噛む口を持っていないうえに体の乾燥を嫌う。そのため、生まれるとすぐにドロドロと腐ったものの中にもぐって、成長していくんだ。約1ヶ月という短い寿命のなかで、500個以上の卵を産むんだよ。

⭐ 蚊

♥ 1ヶ月

人や動物の血を吸うのは、じつはメスだけ。そして、メスが血を吸うのは、成熟した卵を産むためにタンパク質をとりたいから。普段はオスもメスも、花の蜜や果汁を吸っているんだよ。刺されたところがかゆくなるのは、蚊のだ液によるアレルギー反応なんだ。

いつもはミツや果汁を吸います

寿命 1ヶ月

寿命 2ヶ月

かくれ身の術をつかいこなす

⭐ ナミアゲハ

♥ 2ヶ月

ナミアゲハは、卵から産まれると約1週間で脱皮する。そして鳥などに食べられないよう、黒くて鳥のフンのような姿になったり、葉っぱ色の幼虫になったりして、敵に見つかりにくい姿になりながら成長していき、さなぎになる。さなぎから誕生した成虫は、羽をのばし、ヒラヒラと飛び立っていくんだよ。

集団で生きのびる作戦

⭐ ナミテントウ

♥ 3ヶ月

野原や公園などでよく見ることができるナミテントウは、集団をつくって冬を越す習性がある。たくさんあつまるほど、寒さから生き残りやすくなるんだ。その集団のなかで、結婚して卵を産む夫婦もいるんだよ。

寿命 3ヶ月

ねむるとのびる寿命

★ クマムシ（昆虫に似た動物）
♡ 1ヶ月～1年
（活動しつづけた場合）

クマムシは、体長約0.25mm～0.5mmの小さな動物。世界中の海や山で生きている。クマムシは体が乾燥するとねむってしまうけれど、それから10年経ったとしても、また水分を得ると動き出せるんだ！このおどろくべき環境変化への適応能力で、5億年も前から存在しつづけているんだよ。

寿命 5.5ヶ月

まめちしき
うちゅうでも生きられる

放しゃ線は人の1000倍たえられる

-260℃
-260℃のかんきょうにいても氷がとけたらせいかんする

★ エンマコオロギ
♡ 1年

オスは、羽にある弦と弓のような部分をこすり合わせて鳴いている。自分のなわばりを知らせる「ひとり鳴き」、メスを呼び寄せる「誘い鳴き」、ケンカでつかう「争い鳴き」など、鳴き方を変えられるんだ。秋の風物詩でもあるコオロギの鳴き声は、1年の寿命のうち、成虫になってから死ぬまでの、最期の3ヶ月を生き抜く声なんだ。

さいごの3カ月

寿命 1年

女王アリの寿命が群れの寿命

★ クロオオアリ
♡ 働きアリ：6ヶ月～1年
　オスアリ：1ヶ月
　女王アリ：10～20年

アリは1つの巣につき、1匹の女王アリと、多くの働きアリ、オスアリで集団をつくって生活する。働きアリは6ヶ月～1年の命で、体が弱く産卵ができない。オスはさらに寿命が短く、生後1ヶ月で成虫になり、女王アリと交尾をすれば地面に落ちてアリやクモなどに食べられてしまう。女王アリの命は10～20年で、女王アリが死ぬとこの巣も終わりとなる。

寿命 9ヶ月

★ カブトムシ
♡ 1年

木の樹液の出るところへいくと、ほかの虫たちが場所をゆずり出す、王様のような存在のカブトムシ。幼虫は、土の中で腐葉土を食べて育ち、さなぎになって成虫になる。幼虫の期間は10ヶ月もあるのに、成虫の姿でいられるのは1～2ヶ月だけなんだ。

★ アシナガバチ
♡ 6ヶ月
（働きバチの寿命）

春、女王バチが巣をつくり、1部屋に1つ卵を産む。夏に生まれた働きバチは、さらに巣を大きくしていく。そして、たくさんの新女王候補のメスバチとオスバチが産まれ、交尾をするんだ。秋には、旧女王バチ、働きバチ、オスバチはみな死んでしまい、新女王たちだけが、木などに隠れ、次の世代づくりに向けてじっと春を待つ。

寿命 6ヶ月

みんなで次世代をつくる

土からでてきた王様

寿命 1年

カブトムシの成長
たまご → よう虫 → さなぎ → 羽化

★ オオミノガ
♥ 1年

オオミノガの幼虫は、木や葉でつくった蓑で冬眠し、さなぎになる。オスは成虫になると蛾らしい姿で蓑から飛び出すが、成虫になっても芋虫のようなメスは、ずっと蓑にいつづけるんだ。メスは蓑に穴をあけて、オスが交尾に来るのを待つ。交尾が終わるとオスは死に、メスは卵を産んでしばらく卵を守ったあと、蓑から落ちて死ぬというせつない運命だ。

見た目がちがいすぎるふうふ

★ カマキリ
♥ 1年

まめちしき　オスは全身がたべられるわけではなく、×メスの首をもちょうぎょをして、交尾がおわったとたん、飛びはなれて逃げるオスもいる

メスはオスとくらべて、身長が2倍、体重が4倍。オスはとても弱くて、交尾をする前にメスに頭を食べられてしまうこともあるんだ…。けれど、なんとそれでも交尾はつづけられる。交尾が終わると、オスはそのままメスに胸も腹も食べられてしまう、かわいそうな運命なんだよ。

ボクの子をのこしたい

★ ゲンジボタル
♥ 1年

寿命はたったの1年。そのうち10ヶ月は幼虫で、成虫の期間はわずか1週間というはかなさ。幼虫からさなぎになり、羽化して成虫になると、光を放ちながら結婚相手をさがしもとめる。結ばれると交尾をして、卵を産んだあとに死んでしまうんだよ。

光るいのち

★ カゲロウ
♥ 1年

カゲロウは、成虫としての寿命がたった1日しかない（種によっては1時間）。つまり、交尾できる期間が1日しかない。けれど、カゲロウは3億年も前からずっと世代をつないできた。じつは、成虫は口が進化しておらず食欲がないため、子孫を残すことだけに集中できるんだ。アミメカゲロウは、成虫である1時間のあいだに4000個もの卵を産むんだよ！

食欲ってなんですか？

あく1時間

ふわふわのわたみたいなよう虫
たまご

★ コガネグモ （昆虫に似た動物）
♥ 1年

まめちしき　クモの糸はねばねばしていてえものをつかまえやすい　横にのびた糸がねばねばしているのでクモはタテにのびた糸の上を歩いている

卵から産まれた幼虫は、おしりから糸を出して風に吹かれて飛んでいく。そして、たどりついた場所で巣をつくり、巣にひっかかったチョウやセミなどを食べて大きくなるんだ。メスは、オスよりも何倍も大きく、交尾が終わるとオスを食べてしまうこともあるんだ！

オンナはこわいよ…

39

夏バテしちゃう

⭐ アキアカネ
♥ 1年
赤とんぼの代表、アキアカネ。暑さに弱いアキアカネは、夏になるとすずしい山へと移住するんだ。その飛距離は片道100km以上になることも。お腹を太陽に向けてとまることで、日光が体にあたらないようにして、暑さに耐えているんだよ。気候がすずしくなってくると、またふるさとにもどってくるんだ。

寿命 1年

ふるさとの平地　　すずしい山

フンは一生のパートナー

メスがフンを洋なしのような形に整え、たまごをうみつける

⭐ フンコロガシ
♥ 3年以内
動物のフンを切りとって丸めて、逆立ちの格好でうんしょ、うんしょところがしていくフンコロガシ。ころがしたフンは、食べることもあるし、産卵場所としてつかうこともあるんだ。フンの中の卵から産まれた幼虫は、自分を囲うフンを食べて育ち、外へと出てくるんだよ。

寿命 3年

寿命 13ヶ月

死ぬまで群れるぜ

⭐ トノサマバッタ
♥ 13ヶ月
単独で生活をしているトノサマバッタは、仲間に出会うと群れをつくりはじめる。エサが尽きない限り群れを大きくしつづけ、最終的には数千億匹になることもあるんだ。しかし、その群れもエサ不足や病気などで消滅していって、また単独で生活するバッタが生まれるんだよ。

⭐ カタツムリ (昆虫に似た動物)
♥ 2〜3年
カタツムリの殻のうずまきは、成長とともに増えていく。生まれたころは、1まき半。1ヶ月後には2まき半、3ヶ月後には3まき半。冬眠して春に目ざめたころには、立派な大人になっていて、うずまきは4まき半になっているんだ。

寿命 2.5年

⭐ アリジゴク
♥ 2〜3年
アリジゴクは、幼虫の2〜3年間、おしりの穴がとじっぱなしで一度もうんこをしない。アリジゴクがつくるすり鉢状の巣は、アリをつかまえる罠になっていて、アリをつかまえると、体液を吸いとって死骸を巣の外へなげとばす。そうやって成長して成虫になると、地上に出て生まれてはじめてのうんこをするんだ。

アリの体液がごはん

カラのうずまきに注目

カラは生まれた時からついている

カタツムリの体はほとんどキンニク

カラのやくわりは体をかんそうから守る　内ぞうを守る

寿命 2.5年

40

植物の寿命

植物は、声をあげることも移動することもなく、ジッと土に根をはり、暮らす生き物。芽を出してから1年以内に枯れるもの、何年か花を咲かせて枯れるもの、何十年、何百年と生きる樹木…と、寿命は幅広い。与えられた寿命を全うしようとふんばりながら、工夫をこらして子孫を残していく植物たちのしずかな健闘をごらんあれ。

ピーナッツができるまで

寿命 1.5ヶ月

1回刈ったらおしまいね

🌟 イネ
♥ 4〜6ヶ月
イネは、お米がとれる植物。夏、芽を出したイネの種は、水をはった田んぼにうつされ大きく成長していくんだ。秋になって穂にたくさんの実をつけると、収穫される。一度刈られたイネはもう成長しないんだよ。

寿命 5ヶ月

🌟 ラッカセイ
♥ 1〜2ヶ月
マメ類は枝からぶらさがるように生えるけれど、ラッカセイは土の中で実をつける。夏に黄色い花が咲き、1日で枯れて地面に垂れると、花と茎のあいだから子房柄がのびて土にもぐる。やがて子房柄の先がふくらんで大きくなり、サヤができ、その中にピーナッツができるんだ。

礼儀正しいわけじゃない

まめちしき
おじぎをするのは速いがもとにもどるのはゆっくり

🌟 オジギソウ
♥ 3ヶ月
さわられたり、雨風を受けたりすると、葉がとじて下に折れまがるオジギソウ。刺激を感じると、茎の中で細胞に水が流れ、葉が動くんだ。こうすることで、自分の身を守ろうとしているといわれているよ。あたたかいブラジル生まれの花だから、日本では寒さに耐えられず枯れてしまう。

寿命 3ヶ月

🌟 アサガオ
♥ 5ヶ月
夏の真夜中に少しずつ花びらをひらき、朝はやくに花を咲かせるアサガオ。完全に花がひらくと、2時間ほどでまたしぼんでしまうんだ。同じつぼみから花がひらくことはもうないよ。秋になると、子孫をつくるための種を残し、アサガオの一生は終わる。

🌟 ヒマワリ
♥ 4ヶ月
人よりも大きく、高さ3mにも成長するヒマワリは、お日様の光を浴びてよく育つ。光がよくあたるように、1枚1枚の葉がかさならないように生えているんだ。黄色の花びらたちは、虫からよく見えるよう長くのびている。花粉を運んでくれる虫は、花たちにとって、なくてはならない存在だからね！

人よりも背がたかいよ

寿命 4ヶ月

夏の朝に顔を出す

まめちしき
つるの先は回転しながらまきつくものをさがしている

寿命 5ヶ月

ひっつく理由

寿命 6ヶ月

オナモミ
♥6ヶ月
草むらで洋服や犬の体にたくさんひっつくため、「ひっつき虫」と呼ばれるオナモミ。オナモミは、体にあるトゲトゲで動物の体にひっついて、種を運んでもらうんだ。いろいろなところへ運ばれたら、落ちた地面で発芽する。子孫を広く残す方法なんだよ。

きれいな姿がだんだん黒く…

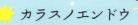

寿命 6ヶ月

カラスノエンドウ
♥6ヶ月
カラスノエンドウは、花が枯れると、まるでサヤエンドウを小さくしたような実ができるんだ。実が熟すと、体は乾いて黒くなり、ネジネジッとよじれていく。限界までよじれると、体がパチーンと2つに裂けて、中の種がはじき飛ばされる。この種がまた、あたらしい命をつくっていくんだ。

ワタシのミツを吸いにきて

寿命 7ヶ月

サルビア
♥6〜8ヶ月
サルビアは、とってもあま〜い蜜をたくさん持っている。その蜜をもとめてやってきたハチドリは、細長い花にくちばしを入れ、飛びながら蜜を吸う。サルビアは、花粉を運んでくれるハチドリに来てもらうために、羽の邪魔にならない葉の生え方をし、色は鳥が気づきやすい赤色になっているんだよ。

ハチは特別なの

寿命 7ヶ月

パンジー
♥7ヶ月
パンジーには秘密がある。下についている花びらには、確実に花粉を運んでくれるハチに、蜜のありかを知らせる小さな模様があるんだ。ハチだけがその目印を理解して、模様にそって花の中にもぐる。そして蜜を吸って、花粉を運んでいくんだよ。

球根で命をつなぐ

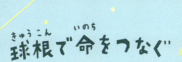

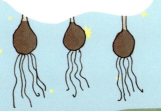

寿命 8ヶ月

チューリップ
♥8ヶ月（球根の寿命）
チューリップの根っこは、土の中で栄養をたくわえると、球根というタマネギのような形のものになる。その球根から茎をのばして、花を咲かせる。花が枯れると球根は消えてしまうけれど、あたらしい子どもの球根をいくつか残しているんだよ。

世界でもっとも大きい花

★ ラフレシア
♥ 1年以上
（つぼみ〜枯れるまで）
世界最大の花ラフレシア。暑いジャングルの中で、直径1mにもなる花がひらくとき、腐った肉のような強烈なにおいを放ち、ハエを誘う。ラフレシアは、ほかの植物に寄生して養分をもらって生きる。1年以上をつぼみで過ごし、花が咲くわずか3〜5日間で受粉を済ませ、黒くどろどろの姿になって一生を終えるんだ。

寿命 **1**年

寿命 **3**年

夜行性の花なのです

★ オオマツヨイグサ
♥ 1〜5年以上
オオマツヨイグサは夜行性。まわりが暗くなると、カサカサッと花を咲かす。そして、花の香りをただよわせていると、同じ夜行性のスズメ蛾が蜜を吸いにやってくる。オオマツヨイグサにとって、スズメ蛾は花粉を運んでくれる重要な存在なんだ。

★ アジサイ
♥ 2〜3年（株の寿命）
花がたくさんあつまっているように見えるアジサイ。じつは、そのほとんどが飾りの花。おしべとめしべがあるのは、飾りの花の中に咲く本物の花だけ。花粉を運んでくれる虫を呼ぶために、派手な姿で自分を目立たせているんだよ。放置すると2〜3年の寿命のアジサイは、大事にお世話をすれば10年近く生きるんだ。

寿命 **2.5**年

かざりなのよ

まめちしき
あじさいには
どくがある

大事に育ててくださいな

★ シクラメン
♥ 4年
寒くなると、白やピンクのかわいい花を咲かせるシクラメン。うまく育てば何年も花を咲かせるけれど、芽が出てから3回花を咲かす、4年ぐらいが限界。育て方がむずかしいから、ほとんどの家庭で育てられるシクラメンは1回咲いて寿命をむかえてしまう。

寿命 **4**年

さいごの晴れ姿

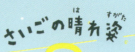

★ ウバユリ
♥ 6〜8年
ウバユリは、芽を出したあと、5年ほどは花を咲かせない。花を咲かせるための栄養をじっとためていて、たまるとやっとはじめての花を咲かせるんだ。けれど、その花が枯れると一生を終える運命。「姥百合」の漢字どおり、咲いたときにはもう、老いている。

寿命 **7**年

あせらずゆっくり…

カタクリ
寿命 17.5年
♥ 15〜20年

芽を出したカタクリは、年々少しずつ栄養をたくわえ成長していく。そして7〜8年目の春にようやく花を咲かせるんだ。花は2週間ほど咲きつづけ、花粉を運んでくれるチョウやハチを待っている。安全な林の中に生息しているから、ゆっくり成長できるんだ。

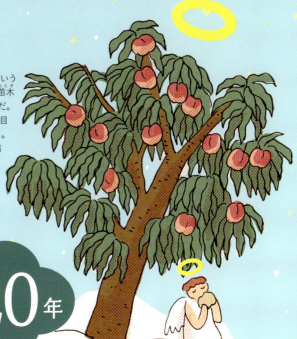

モモの木
寿命 20年
♥ 20年以上

「桃栗三年、柿八年」ということわざどおり、モモは苗木から実をつけるまでが3年だ。本格的な収穫は6〜7年目の大人の木になってから。30年以上は老木とされ、病気にならなければ50〜60年生きられる。しかし果樹園では、経済的に採算が合うかどうかを見ながら管理され、20〜25年ほどであたらしい木に更新される。

おいしい桃を実らせなくちゃ

水の中で生きるよ

ハス
寿命 10年
♥ 10年

水中の泥から茎をのばして、水面にうつくしい花を咲かせるハス。春に芽が出て、夏に咲いた花の寿命は数日。枯れた花は下を向いて、水中に種を落として次の命をつくるんだ。ちなみに、人が食べるレンコンはハスの地下茎で、レンコンの穴は根に空気を送るためのパイプラインになっているんだよ。

れんこんは空気のパイプライン

虫さんおいで…

ハエジゴク
寿命 25年
♥ 25年

葉で虫をはさんで食べてしまうハエジゴク。もし、葉に虫がふれると、まずはそのままジッと待ち、もう一度虫がふれたときには、生きている獲物だと確信して一瞬のうちに食べてしまう！1枚の葉が虫をとらえられるのは2〜3回ほど。むやみに葉をとじると、エネルギーをつかいすぎて死んでしまうから慎重なんだ。

ハエジゴクの食事
じっくりまつ…
ヤバッ！

花咲かす旅

セイヨウタンポポ
寿命 10年
♥ 10年

秋に芽を出したタンポポは、地面にピタッと葉をはりつけて冬を越す。春に花を咲かせると、数日でしぼみ茎がたおれる。そして、ふわふわの綿毛をまとったら、風を受けやすいように、うんと高く背をのばすんだ。綿毛についた種が、風にのってふわりと飛んでいくんだよ。この種からまた、あたらしい命が生まれるんだ！

寿命 80年

ドングリ大作戦

★ コナラ
♥ 80年
ドングリがなるコナラ。落ちたドングリは芽を出す前に、動物に食べられたり虫の産卵場所にされたりすることが多い。なので、コナラはわざとドングリの凶作の年を増やして動物たちが寄ってこないようにする。そして数年に一度、動物たちが食べきれない大量のドングリをつくり、残ったドングリが芽を出すんだよ。

みんな兄弟で〜す

寿命 80年

★ ソメイヨシノ
♥ 80年以上
ソメイヨシノは桜のなかでも、品種改良されて戦後に広まったあたらしい品種。成長がはやくて世話も簡単。すべてのソメイヨシノは1本の木から増やされたクローンなので、性質がみんな同じ。だからこそ、春にいっせいに咲いていっせいに散る、人を魅了するうつくしさがあるんだね。

★ リンゴの木
♥ 30年以上
リンゴは木にできる果物。おいしいリンゴができるよう、果樹園の人は、のびた枝を切ったり、花をつんだり、リンゴが赤くなるようお日様をあてるためにまわりの葉を取ったりと、一生懸命お世話する。そうして秋になると、真っ赤でおいしいリンゴが収穫できる。リンゴの木の一生は約30年だけど、うまく育てれば50年生きられる。

人の手でじっくり育つよ

寿命 30年

山火事がチャンス

★ ブラシノキ
♥ 20〜40年
オーストラリアに生息するブラシノキは、山火事を利用して子孫を残す。何年もとじたまま木についているかたい実は、山火事の炎や熱風にあぶられてようやくひらき、種をまく。空気が乾燥して山火事が起こりやすいオーストラリアに適応した進化なんだよ。

寿命 30年

葉が一生のびつづける

寿命 1000年

★ ウェルウィッチア
♥ 1000年
日本では「奇想天外」と呼ばれるウェルウィッチア。ナミブ砂漠に生える巨大な裸子植物で、2枚の葉だけが一生のびつづけ、長さが6mにもなるんだ！たくさんの葉が生えているように見えるけれど、風で葉が裂けているだけ。花は、マツボックリのような形をしているんだよ。

48

ココナッツがなる木

★ ココヤシ
♥ 80〜90年

ココヤシは、一年中あたたかい場所で育つ、ココナッツがなるヤシの木。ココヤシの実の皮はとてもかたいけれど、空気が多くふくまれているので、水に浮く。潮の流れに乗って遠くまで運ばれて、流れついたところで芽を出すこともあるんだよ。

寿命 **85年**

みんなで1つのタケ

★ マダケ
♥ 120年

タケは群れるようにたくさん生えているけれど、じつは地下で、横にのびる一本の茎でつながっているので、みんなで1つのタケなんだ。タケは10年ほどで枯れるけれど、地下の茎からまたあたらしいタケノコが生えてくる。120年に1度タケの花が咲くと、茎でつながっているタケはすべて死んでしまう運命だ。

寿命 **120年**

鳥たちの団地になる

★ ベンケイチュウ
♥ 150〜200年

北アメリカの砂漠に生えるサボテン、ベンケイチュウの体にはいくつか穴があり、キツツキやフクロウが住みついているんだ。花は年に1度、たった1日しか咲かないけれど、その花にはとても甘い実がなる。その実を鳥たちがとって食べることで、種が遠くへ運ばれる。これがベンケイチュウの子孫を残すスタイル。

寿命 **175年**

世界遺産、屋久島の杉

★ 屋久杉
♥ 1000年以上

屋久杉とは、鹿児島県の世界遺産、屋久島の山地に生える1000歳以上の杉のこと。屋久島ではそこらじゅうに杉の苗が生えているけれど、ほとんどが小さな段階で死んでしまう。そして、生きのびたものだけが年月をかけて育っていくんだ。「大王杉」という名の杉が、最高年齢の3000歳。

寿命 **1000年**

★ リュウケツジュ
♥ 7000年

アフリカの世界遺産、ソコトラ島に生えるリュウケツジュは、世界で一番長生きな植物。幹に傷をつけると、血のような赤い天然樹脂が出てくる不思議な木だ。この樹脂は昔から、万能薬や塗料としてつかわれてきたんだよ。

世界でいちばん長生きな植物

寿命 **7000年**

食べ物の寿命

「食事」は、人が健康に生きるうえで決して欠かせない行為。ただし、食べ物たちにも寿命があり、寿命を過ぎたものを食べると体調を崩すこともある。保存の仕方をまちがえれば、みるみる寿命がちぢんでしまうとっても繊細な食べ物たちの、その寿命と適した保存の方法を解説していくよ。

もやし
♥ 1日（冷蔵）

もやしは冷蔵庫にいても、1日経っただけでビタミンCが30%も減ってしまうか弱い存在なんだ。数日おいておけば、黄色くなったり茶色くなったり、すっぱいニオイがするようになったり…。水を入れた容器に入れておくと数日は生きのびるけど、水は毎日とりかえる必要があるよ。

寿命 1日

か弱いワタシはもやし

買った日に食べてほしい

寿命 1日

ケーキ
♥ 1日（常温）

誕生日など、大切な日に登場するケーキ。冷蔵庫に入れておくと、せっかくのふわふわなスポンジがかたくなってしまうから、常温でおいておいたほうがいい。フルーツなどの生ものをつかっていて寿命が短いから、買った日においしく食べきってしまおう。

みそ汁
♥ 1日（冷蔵）

みそ汁は2日以上おいておくと、せっかくの心あたたまる味がすっぱくなって台なしに。常温保存だと一晩でいたんでしまうこともしばしばで、特に夏は菌が発生しやすいから注意。次の日も食べたいときは、冷ましたみそ汁を容器に入れて、冷蔵庫で保存しよう。

何度も食べたいおふくろの味

寿命 1日

消費期限に気をつけて

寿命 1日

コンビニフード
♥ 1日

コンビニフードには、「何月何日何時を過ぎたら食べないほうがいい」という消費期限が記されている。調理された食べ物の劣化ははやく、コンビニフードは大体1日以内と定められている。お店にならべられたときから、すでに寿命が短い宿命だ。

カレー
♥ 1日（冷蔵）

カレーは一晩寝かせると、コクが増しておいしい。けれど、保存方法には気をつけよう。常温でおいておくと、野菜から出た水分が菌を増やし、食中毒の原因に。冷ましたあとに、容器に入れて冷蔵もしくは冷凍保存。冷凍だと、3〜4週間は持つからオススメ。

冷凍保存で長生き

寿命 1日

★ 魚の切り身
♥ 1〜2日（冷蔵）

魚の切り身はいたみやすいので、弾力やツヤのある、切り口がなめらかなものを買うのがポイント。保存するときは、塩をふって表面から出る水分をふきとると、キリっと引きしまった身になり旨味が増して長持ちするよ。冷凍だと2〜3週間保存できる。

寿命 1.5日

塩をふってくださいな

★ 豆腐
♥ 1〜2日（冷蔵）

豆腐はパックに入れたままだとアクがたまってしまうので、容器にうつし、つめたくてきれいな水を入れて冷蔵庫で保存しよう。いたみやすいから、はやく食べきってしまうのがオススメ。古くなった豆腐は、カビが生えたりヌメヌメしたり、すっぱいニオイがしたりする。

寿命 1.5日

キレイ好きなのです

★ こんにゃく
♥ 2〜3日（冷蔵）

一度パックから出したこんにゃくの寿命は2〜3日。残りを保存するときは、パックに入っていた水も一緒に容器で保存しよう。こんにゃくを長生きさせる石灰水だからね。ふつうの水を入れて保存すると、こんにゃくが水を吸収してふやけてしまうんだ。

寿命 2.5日

石灰水がパートナー

★ 食パン
♥ 2〜3日（常温）

常温で数日おいておくと、体にぽつぽつカビが出るデリケートな食パン。カビの菌がパンじゅうに広がるから、目に見えるカビを避けて食べてもムダ。冷凍庫で保存すると、カビも生えず、1週間ももつよ。

寿命 2.5日

カビにご注意

★ プレーンヨーグルト
♥ 2〜3日（冷蔵）

ヨーグルトの容器のフタをあけると、透きとおった液体が上にたまっている。じつは、この液体にはタンパク質やビタミンがたくさんふくまれているから、捨てずにかきまぜて食べよう。冷蔵保存だと2〜3日で食べきるのがいい。

寿命 2.5日

かきまぜて食べてね

寿命 1週間

口つけちゃヤダ

★ ペットボトル飲料
♥ 1週間
フタをあける前は、賞味期限が2年ほどあるペットボトル飲料。けれど、一度フタをあけると寿命は1週間に。さらに口をつけて飲むと、そこから菌が入ってしまう。特に夏は菌が広がりやすいので、一気に寿命は2時間と減ってしまうんだ。

腐ってるわけじゃない

★ 納豆
♥ 2週間（冷蔵）
「納豆はもう腐っているから、賞味期限を過ぎても大丈夫」という人が結構いいけれど、納豆は納豆菌を発酵させた、人が安全に食べられるもので、腐っているわけじゃない。期限を過ぎると、においがきつくなったり、糸引きが弱くなったりして、やがて本当に腐ってしまうんだ。

芯をくりぬくべく

★ キャベツ
♥ 2週間（冷蔵）
葉をいっぱいまとうキャベツは、ザクッと切るよりも、葉を一枚ずつはがした方が長生きさせることができる。芯が葉の栄養を吸いとってしまうから、芯をくりぬいて野菜室に保存しておくと、寿命が長くなるんだよ。

寿命 2週間

★ 精肉
♥ 2〜3週間（冷凍）
人が食べるお肉といえば、ニワトリ、ブタ、ウシ、の三兄弟が定番。食べられる期間が長い順は、ウシ、ブタ、ニワトリ。お肉は空気にふれると寿命が短くなるので、買ってきたらすぐに、つかいやすい量に小わけして、ラップでぴったり包んで冷凍しよう。

お肉の定番三兄弟

寿命 2.5週間

★ 牛乳
♥ 10日（冷蔵）
牛乳は、賞味期限（10日ほど）を守って飲みきるといい。牛乳はとってもナイーブな飲み物で、そそぎ口をあけっぱなしにしていると、まわりのにおいがうつってしまう。また、冷蔵庫から出しっぱなしにしていると、すぐにいたんでしまうから要注意。

ナイーブなので

寿命 10日

55

★ お米
♥ 2週間〜1ヶ月
台所でお米を保存すると、はげしい温度変化や湿気でカビが生えてしまう。お米は、すずしくてさっぱりした、暗いところで保存すると長生きするんだ。たまに保存容器を掃除しないと、虫がつくから注意。また、あまり長くく保存すると旨味やツヤがなくなるよ。

寿命 3週間　暗くてすずしいところがいい

★ たまご
♥ 2週間〜2ヶ月弱（冷蔵）
たまごは、気温10℃以下の場所で保存しよう。温度が高いほど、食中毒の原因になるサルモネラ菌がむくむくと増えてしまう。だから冷蔵庫に入れるときは、温度変化がはげしいドアポケットよりも、奥のほうで保存したほうがいいんだ。

寿命 1ヶ月　さむいところがすき

★ ジャガイモ
♥ 1ヶ月
ジャガイモは、日があたると芽がにょきにょきと生えてくる。この芽には、食中毒を引き起こす、ソラニンという毒素がふくまれるので要注意。風通しのいい冷暗所で保存しよう。リンゴと一緒に袋に入れると、リンゴの成分が芽の成長をおさえる効果があるんだよ。

芽がにょきにょき　寿命 1ヶ月

カピカピになりたくない　寿命 1ヶ月

★ 炊いたごはん
♥ 1ヶ月（冷凍）
炊きたてはふわふわで甘いごはんも、時間が経つとでんぷんが劣化し、カピカピになってしまう。冷蔵庫に入れておくと黄色くなって旨味がなくなるので、つかいやすい量を密閉容器に小わけにし、冷凍しておくと長生き。

★ マヨネーズとケチャップ
♥ 1ヶ月
マヨネーズとケチャップは、どちらも殺菌力の高い原料でつくられているので長生きしやすいんだ。だけど、空気にふれるとおいしさが減っていくので、つかうたびに空気を抜こう。冷やしすぎると成分が分離してしまうので、ドアポケットに入れて保存しよう。

長生きコンビ　寿命 1ヶ月

★ ミカン
♥ 1ヶ月
ダンボール箱の中で、ぎゅうぎゅうに肩を寄せ合っているミカン。そのままにしておくとカビが生えて、つるんとあざやかな表面がカサカサの緑色に…。ときどき箱から出して、風にあてたり入れかえたりすることが大事。冷暗所か冷凍室で保存するようにしよう。

寿命 **1**ヶ月

箱につめっぱなしはやめて

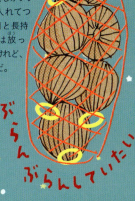

★ タマネギ
♥ 2ヶ月
タマネギは、水分をたくさんふくむと寿命がちぢんでしまう。日かげの風通しがいいところでネットに入れてつるしておくと、2ヶ月と長持ちするよ。タマネギは放っておくと芽が出てくるけれど、この芽は食べられるんだ。

寿命 **2**ヶ月

ぶらんぶらんしていたい

★ カップ麺
♥ 5ヶ月
カップ麺は、5ヶ月と長生き。だけど、油断してず〜っとおいておくと、油であげた麺が酸化し、食べると胃がムカムカしたり、下痢になってしまうことも…。油が酸化しやすい日光のあたる場所での保存は避けよう。また、フタをあけたら寿命は当日だ。

長生きだからって油断禁物

寿命 **5**ヶ月

★ アイスクリーム
♥ 溶けるまで
冷凍庫に入れておくとずっと食べられるアイスクリーム。冷凍庫の中では菌が増えないとされているので、アイスには賞味期限がない。だからといって何年もおいておくと、最初のおいしさは失われてしまうよ。暑いところにはめっぽう弱いアイスクリームは、一度溶けると元の姿にはもうもどらない…。

あけたらたべてね

★ 缶づめ
♥ 3年
とても長生きな缶づめは、非常食にもなるすぐれもの。でも、一度フタをあけたら寿命は1〜2日にちぢむ。「食べるときにあける」ってことが大事。余った分はほかの入れ物に入れないと、金属臭くなったり、缶づめの内側の金属がはがれてきたりしてしまうから要注意!

寿命 **3**年

さむいところで不死身

寿命 溶けるまで

モノの寿命

人の生活は、いろいろな便利なモノや楽しいモノであふれている。けれど、たくさんつかっていたり保存の仕方が悪かったりすると、寿命はあっという間にやってくるんだ。ここでは、身近なモノから少し変わったモノまで、いくつかの寿命を紹介していくよ。きっと今日から、モノへの見方が変わるはず。

フルマラソンより長く書ける

寿命 **50km**

まめちしき
ボールペンの寿命は 4〜5年 インクが固まる

★ 鉛筆
♥ 50km
1本の鉛筆で書ける線は、フルマラソンより長い約50km！ちなみに、一度もつかわれていない鉛筆の寿命は半永久的！約400年前につくられた日本最古の鉛筆は、いまだに書くことができるんだ。湿気がない場所で保管するのが長生きの秘訣。

★ トイレットペーパー
ひっぱりすぎ注意！
♥ 男性17日、女性5日
1ロール（60m）をつかいきるペースは、平均で11日。だけど、男女別でみるとかなり差があって、男性で17日、女性で5日程度になるんだ。ちなみに、1回に人がつかう平均使用量は80cmといわれているよ。

寿命 **11日**

★ くつ
♥ 1ヶ月以上
くつの寿命は種類にもよる。ランニング用だと、約6ヶ月間。約800km分走ると寿命がくる。革ぐつだと毎日履くと約3ヶ月。よく歩きまわる人が履くと1〜3ヶ月で寿命がくるから、1年で2〜4回はくつ底を交換すべき。革は、休んでいるあいだに湿気を吐き出して性能を回復するため、2〜3足の革ぐつを交互に履くと、長生きさせられる。

寿命 **1ヶ月**

くつは底が命

★ 電車の忘れ物
♥ 3ヶ月
電車の忘れ物は、傘や財布、携帯電話が定番。さらにネギやマネキンの首など意外なものも！それらは数日間駅で保管されたあと、忘れ物をまとめて保管する「集約駅」にあつめられるんだ。そこでも持ち主があらわれない場合は、地元の警察署にとどけられる。3ヶ月保管されたあと、処分されたり、ひろった人がもらったりするよ。

ぐるぐるだから寿命が長い

寿命 **7時間**

★ 蚊取り線香
♥ 7時間
夏に活躍する、緑のぐるぐる、「蚊取り線香」。家に入ってくる蚊をけむりでやっつけるよ。その誕生は明治時代。当時はただの棒状で、寿命は1時間と短かった。それから「コンパクトで長持ち」を追求した結果、ぐるぐるの姿になったんだ。今では、定番のものは7時間の寿命で、さらに12時間ももつ大きいものもある。

寿命 **3ヶ月**

だれかもらってください

🌟 歯ブラシ
❤ 1ヶ月

ウラから見たときに毛が広がっていたり、毛がやわらかくなってきたりしたら、それが歯ブラシの寿命のサイン。寿命が過ぎた歯ブラシでは、歯の隙間にある細かいよごれに届きにくくなるから、ちゃんとみがけない。つかいはじめてから約1ヶ月ほどで交換しよう。みがくときに力を入れすぎると、寿命がちぢまりやすい。

寿命 1ヶ月
ちゃんとみがけてる？

100円ライター
❤ 1ヶ月と少し

コンビニなどで買える一般的なつかい捨てライター。風のない場所で2cmの炎を2秒間つけるとすると、700回つかえるんだ。この条件だと、1日に20本タバコを吸う人がつかうなら、1つのライターは約1ヶ月以上生きていられるね。

700回接待できます

寿命 1ヶ月

🌟 化粧品
❤ 3〜6ヶ月

未開封だと3年は生きられる化粧品。一度つかいはじめたら、パウダーファンデーションなどのスポンジはこまめに洗って！ 皮膚にふれたスポンジから、肌の油や雑菌がうつって、寿命をちぢめてしまうから。口紅は、直接塗ると食べ物や唾液がついて雑菌が増えてしまうよ。化粧品をきれいにはやくつかいきることが、人のきれいにもつながるんだ。

わたしだってキレイでいたい

寿命 4.5ヶ月

薬にも命あり

寿命 9ヶ月

🌟 薬
❤ 半年〜1年（錠剤）

未開封だと3〜5年生きられる薬は、一度封をあけられると一気に短命になる。錠剤は半年〜1年の命で、粉薬は3ヶ月〜半年、液体はさらに短くなる。薬は光、温度、湿度に大きく影響を受けるからなんだ。効き目が悪くなるばかりか、毒性が増して体に有害な物質になってしまうこともあるんだよ。梅雨や炎天下のときの保管に要注意！

まめちしき
めぐすりのじゅみょうは一ヶ月 れいぞうこにいれると長生き

大リーグのバット
❤ 7〜9ヶ月（1シーズン）

木製バットの寿命はさまざま。たった1回打っただけで折れてしまうものから、何シーズンもつかえるものまで。スライダーなどの変化球ではヒビが入りやすい。大リーグではバットが1シーズン生きられることは、めったにないんだ。

どうせ折れるならホームランにして

寿命 8ヶ月

力士のまわし
♥1年

まわしは、力士の腰まわりの4～5倍の長さが必要で、約5～9mもある。とりくみによって、汗や脂、ときには血がしみこむこともあるけれど、どれだけよごれても洗わない。洗わないことが習わしとなっているため、すりきれない限り、1年ぐらいはそのまま同じものをつかうんだ。

寿命 1年

よごれも洗わない！

親方がなくなったときはまわしをあらう

ブラジャー
♥2ヶ月～2年

ブラジャーは、洗濯機で洗濯すると2～3ヶ月でくたびれてしまうけれど、ぬるま湯に洗剤を溶かして手洗いをすれば、約2年は生きるんだ。パッドをつかうと、油分や汗からブラジャーの弾力性を守り、寿命をのばすことにもなる。細かい装飾などがついたデリケートなブラジャーには、やさしく接することが女性のたしなみ。

寿命 13ヶ月

やさしく洗って

一万円札
♥4～5年

たくさんの人の手に渡り、ボロボロになっていくお札。一万円札は約4～5年、おつりでのやりとりが多い五千円札、千円札は約1～2年で、日本銀行で処分されてあたらしいお札がつくられる。古くなったお札は、細かくきざまれたり、住宅用の外壁材やトイレットペーパー、事務用品などにリサイクルされたりすることもあるんだ。

寿命 4.5年

傷んだお札の未来

古くなったお金はあたらしくつくるためのざいりょうになったりどうろや船のプロペラにつかわれている

大事に着こなしてね

Tシャツ
♥2年

Tシャツの耐用年数（法で定められた平均使用年数）は2年。服の定番で着やすいから、何度も着て洗濯をくりかえしてしまう。そうすると、首元がよれてきたり色あせたり、ぬい目がほつれてきたりと、ボロボロになってくるよ。大事にしたいTシャツは、着用回数をかさねないのがオススメ。

寿命 2年

入れ歯
♥5年

人の歯に寿命がくるとお世話になる入れ歯だけれど、もちろん入れ歯にも寿命がある。毎日ごはんを食べたり話したりすることで、入れ歯は変色したり、すり減ってゆがんだりする。そうなると、つかっている人の頭痛や肩こりを引き起こすこともあるから、入れ歯にも、病院での定期的なチェックやケアが必要なんだ。

寿命 5年

ケアが大切

布団
♥ 10年

最もよくつかわれる羽毛布団は、10年つかいつづけると、繊維がおとろえてへたってきてしまう。かぶってもあたたかくなかったり、中の羽毛が出てきてしまったりするんだ。布団をリフォームしてくれるお店へ持っていくと、羽毛をとり出して洗って、ふかふかによみがえらせてくれるよ。

寿命 **10**年

やっぱりふかふかが一番

寿命 **350**年

本の寿命は紙の寿命

本
♥ 300〜400年

本の寿命には、紙の寿命が深く関係する。紙には和紙と洋紙があり、和紙の寿命は約1000年、洋紙の寿命は約100年。和紙は高価で大量生産に向かず、洋紙は茶色く変色し粉々になることもある。そこで発明されたのが劣化の原因になる硫酸アルミニウムをつかわない中性紙。今つかわれている紙のほとんどがこの中性紙なんだよ。

ピアノ
♥ 70〜80年

ピアノが正しい音色をかなでられる年数は、響板（弦の下にはられている音を響かせる板）の品質によって、大きく変わる。安いものだと数年、一流品だと100年以上。平均すると約70〜80年だ。ピアノの材料の木が、温度や湿度で変化するので、年に1回、専門家に調律してもらうのがベスト。

寿命 **75**年

うつくしい音色を奏でたい

絵画
♥ 300年以上

フランスにあるラスコー洞窟内の壁画は、少なくとも15000年前のものと考えられている。有名な「モナリザ」や「ヴィーナスの誕生」などは、制作されてから500年以上経っているんだよ。絵画作品は、当時の質を落とさないように、世代を超えて手入れがほどこされる。そして、描いた本人が死んだあともずっと、絵は生かされているんだ。

あたらしいタイヤで安全運転

車のタイヤ
♥ 5年

新品のタイヤには、8mmの溝がついている。車が走るとタイヤがすり減って、この溝がなくなっていくんだ。溝が残り1.6mmになると、スリップサインが出てくる。このサインが出ているタイヤで走りつづけると、道路交通法違反でつかまっちゃうよ。また、つかって5年を超えるタイヤは、すぐに交換したほうがいいといわれている。

寿命 **5**年

うけつがれる芸術たち

寿命 **300**年

63

機械の寿命

機械は、はじめて開発された大昔から現在にいたるまで、ずっと姿かたちを進化させながら、人の生活をより豊かにしつづけてくれているありがたい存在だ。小さなものから大きなものまでさまざまな機械が、どれほどの期間で消費され、どのような手入れをしてあげると長生きするのか、ここで紹介していくよ。

充電の仕方にご注意

★ スマートフォン
♥ 1〜2年（バッテリーの寿命）
スマートフォンの寿命には、バッテリーの劣化が大きくかかわる。充電が100％になっているのに充電をしつづけると、細かい放電と充電をくりかえすことになり、バッテリーが疲労してしまうから要注意！また、スマートフォンを充電しながらつかうのも、バッテリーが発熱するからよくないんだよ。

寿命 1.5年

★ ドライヤー
♥ 3〜4年
ドライヤーで髪を乾かすときにただようこげくさいにおいは、ホコリのせい！ドライヤーの吸いこみ口や吹き出し口にたまるホコリが電熱線にふれ、こげてしまうから。ブラシや綿棒をつかってこまめに掃除してあげよう。また、コードも故障が起きやすい部分だから、巻きつけには気をつけよう。

ホコリ、こげてます！

寿命 3.5年

寿命 4.5年

とっても繊細なんです...

★ ノートパソコン
♥ 4〜5年
もともとの品質だけではなく、持ち主の扱い方が寿命に大きく影響する。細かい部品で精密につくられているパソコンは、とても繊細。コーヒーをこぼしたり、衝撃をくわえてしまったりなんて、もってのほか！データの保存部分、ハードディスクの寿命は4〜5年。日ごろからバックアップをとっておくことが大切だ。

★ 炊飯器
♥ 6年
長生きさせるには、日ごろのお手入れが大事。内釜はスポンジで、本体はかたくしぼった布巾で、きれいにふいてあげよう。寿命がおとずれると、米がかたくなったりバラバラになったり、おいしいごはんが炊けないんだ。炊いているときの、米のいい香りもしなくなってくるよ。

★ 掃除機
♥ 8年
ゴミをぐんぐん吸いこむためにつかうパワーで、体がだんだんと熱くなってくる掃除機。コードも熱を出すので、しっかりコードを出しきってつかい、熱を逃がしてあげよう。中にたまったゴミはこまめに捨てないと、吸いこむ力が弱くなる分つかう時間も長くなり、壊れやすくなってしまう。

たまにお手入れしてほしい

寿命 6年

ゴミをためないで〜

寿命 8年

寿命、あるんです

信号機の電球
♥ 7〜10年（LED電球）
交通安全に欠かせない信号機。急に消えてしまって道路が混乱してしまわないように、以前は半年〜1年のあいだに電球を取りかえていた。作業員がクレーンに乗って電球部分に近づいて、信号が青になったところで一気に取りかえる。でも、今ではLEDの普及が進んだことで、信号の電球は7〜10年と長生きになってきている。

寿命 8.5年

洗濯機
♥ 7〜10年
洗濯槽の裏側についてしまったカビは、なかなかしつこい。カビがついたまま洗濯すると、洗濯物ににおいがついてしまうんだ。洗濯機は月に1回、洗濯槽用の漂白剤をつかって洗ってあげると寿命がのびるよ。

ボクも洗ってほしいな

寿命 8.5年

つけすぎ注意！

寿命 9年

液晶テレビ
♥ 8〜10年
液晶テレビは、画像をうつす液晶パネルとそれを照らすバックライトがかさなってできている。バックライトの寿命は約6万時間と長生きだけど、いつかは切れてしまう。その場合、バックライトを交換するより、買いかえたほうが安くつくこともあるからよく確認しよう。テレビの平均使用年数は8〜10年だよ。

自転車
♥ 10年
乗り方や保管場所の環境によって、寿命の長さが大きく変わる自転車。部品交換をしながら大事に扱えば、20〜30年乗ることもできる。一般的には、10年ほど経つと各部品が消耗してくるので、安全運転を考えるなら約10年で買いかえの時期になるよ。日ごろは、雨で錆びが出ないよう、カバーをかけておくことが大事。

雨風あたらないところがすき

エアコン
寿命 10年
♥ 10年
エアコンを長生きさせる秘訣は、フィルター掃除！約2週間に1回、フィルターのホコリを掃除機で吸いとろう。放置すると、カビや水漏れが起こって壊れてしまうんだ。なにより、掃除されないエアコンから出るにおいは、とっても嫌なにおいだから要注意！

ほっとかれるとクサくなる

寿命 10年

寿命 **10**年

雨にも負けズ、風にも負けズ

★ 自動販売機
♥ 10年

24時間、外に立っている自動販売機は、雨や風、日光を浴びつづけているので、錆びたり、よごれたりしてくる。ときには車にぶつかられることも…。約10年で入れかわるけれど、廃棄された自動販売機の資源は、90％以上がリサイクルされるんだよ。

★ 車
♥ 10万km
（平均使用年数12年）

1つ1つを大事に

寿命 **10**万km

車を長生きさせるコツは、たくさんある部品一つひとつのメンテナンス。各部品が消耗し、トラブルが起こりがちなのが10万km走ったころ。修理をすればまだ乗ることができるけれど、あたらしい車に買いかえた方が安くつくことが多いんだ。車の平均使用年数は12年。

★ 電子レンジ
♥ 10年

寿命 **10**年

電子レンジの心臓

電子レンジの心臓部となるマグネトロン。そこから出る電磁波が、水分に働きかけて物があたたまるんだ。マグネトロンの寿命が約10年。長くつかうと劣化して、加熱に時間がかかり、電気代もかかるようになる。寿命が近づいたら買いかえを検討しよう。

中はひんやり、外はあちち

★ 冷蔵庫
♥ 10年

食べ物を腐らせまいと、24時間年中無休で働く冷蔵庫。中を冷やしつづけるために、体から熱を発しているんだ。ただし、その熱をうまく逃がしてあげないと、壊れてしまう。冷蔵庫をさわってみて熱くなっていたら、日光のあたらないゆとりのある場所へと移動させよう。

寿命 **10**年

寿命 **12**年

オーダーメイドで誕生

★ 消防車
♥ 12年

消防車といえば、「普通ポンプ車」が定番の形。ポンプから1分間に2000ℓもの水が出る。お風呂約10杯分の量だ。消防車は、1台1台、地域に合わせてオーダーメイドでつくられている。年間2500台がつくられ、完成後に国家検定を受けて、合格してはじめて消防車としてみとめられるんだよ。

人を安全に運びたい

寿命 15年

寿命 22.5年

新幹線
- 15年（車両の寿命）

新幹線は、長い距離を時速200km以上で走る乗り物。それでも安全な理由は、レールを幅広く、カーブがないよう真っすぐにつくっているから。そして、車体が軽く空気抵抗を受けにくい形だからなんだ。ただ、速く走る分消耗もはやい。車体は15年ほどで廃車になり、またあたらしい技術やサービスがそなわった新幹線が登場してくるんだ。

速く安全に走ってくぞ

広〜い海へいってきます

寿命 17.5年

エレベーター
- 20〜25年

上下に動いて大忙しのエレベーター。人を安全に運べるように、20〜25年経つとリニューアルの時期になる。つかいつづけていると、事故につながることもあるからね。古いエレベーターは揺れが大きいけれど、最近のエレベーターはとてもスムーズな乗り心地になっているんだ。

大型外航船
- 15〜20年

巨大な外航船は、食べ物、石油、自動車など、人の生活に欠かせない製品のやりとりにつかわれている。外航船のエンジンは、蒸気で動くものと重油で動くものがあるんだ。そのエンジンが一生のあいだに動ける時間は、自動車の40倍になる。安全に広い海を渡れるように、エンジンも長生きなんだよ。

寿命 15年

宇宙の仕事人

毎日点検かかせない

人工衛星
- 数年〜15年以上（設計寿命）

宇宙に打ち上げられた人工の天体、人工衛星。現在、地球のまわりには2600個以上の衛星が飛んでいる。役目を終えた衛星は、数年〜数十年かけて地球に引き寄せられ、大気圏に突入して燃え尽きるんだ。けれど、いつまでも地球に寄ってこないものもあって、「宇宙ゴミ」として問題視されているんだよ。

飛行機
- 20〜25年

人を空へとつれていってくれる飛行機は、安全がなにより大切。整備士たちは飛行機が到着すると、すぐに機体のへこみや燃料漏れなどがないか、細かく点検・整備をしているんだ。けれど、年月が経つと整備によりお金がかかるようになってくるので、20〜25年で買いかえることが多いんだよ。

寿命 22.5年

からだの寿命

人の体は、いろいろな臓器や細胞、毛や骨など、じつにいろいろなものでできている。そして、それらにも寿命があるんだ。人が生きている限り死なないものもあれば、活発に働いて数日で死ぬものもある。日ごろはあまり気にかけない、自分の体をつくるいろいろなものの命に、ここで注目してみよう。

2日ももたない命です

寿命 **24**時間

★ 卵子
♥ 12〜36時間

卵子は、女性の体内でつくられる、赤ちゃんに育つ卵のこと。月に一度、卵子が卵巣（卵子がつくられる場所）から飛び出す日を「排卵日」といい、この日に合わせて性交をすることで、受精・妊娠がしやすくなるんだ。体内での卵子の寿命はおよそ12〜36時間で、女性が高齢になるほど、寿命は短くなっていく。

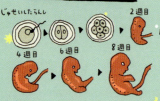
らんしから赤ちゃんのすがたへ

卵子と出会うチャンスは少ない

★ 精子
♥ 2日〜数日

精子は、おたまじゃくしのような形をしていて泳ぐことができる。男性の体内でつくられ、性交のとき1回の射精で約1〜4億個が女性の体内に送りこまれる。けれど、女性の卵巣の中で卵子と結びつくことができるのは、たった1個だけなんだ。精子が女性の体内で生存できるのは2日〜数日。

寿命 **2**日

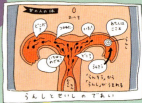

★ 体内の食べ物
♥ 12〜72時間

口に入った食べ物は、歯でつぶされ、のど→食道→胃→小腸→大腸、そして肛門にたどりつく。約12〜72時間かけて、体内のそれぞれの器官で栄養がとり入れられ、その残りカスだけがうんちとして体外に出されるんだ。果物のように繊維の多いものだと消化がはやく、お肉のように脂肪の多いものは時間がかかる。

おしりからバイバイ

寿命 **42**時間

★ 嗅細胞
♥ 30日

嗅覚（においを感じる感覚）は、食べ物をさがしたり危険を察知したりするための、動物にとって重要な感覚。鼻の粘膜にある嗅細胞が、においを大脳に直接つたえるため、思い出がよみがえったり食べたいものが変わったりと、人体にいろいろな変化を起こすんだ。嗅細胞は、30日であたらしい細胞に入れかわるよ。

毎月入れ替わる

★ 小腸の絨毛の細胞
♥ 24時間

絨毛は、小腸の中をびっしり覆う細かい毛のような突起のこと。体に入った食べ物から栄養を吸収するんだよ。絨毛の細胞は、人体の細胞で最も寿命が短い。24時間というサイクルで、絨毛の根元からあたらしい細胞が生まれ、押し上げられた古い細胞がはがれ落ちる。そして、うんちとなって体の外へ出てくるんだ。

寿命 **24**時間

1日で生まれ変わる

寿命 **30**日

寿命 10日

★ 味細胞
♥ 10日
「甘い」「苦い」などの感覚（味覚）は、舌の表面に約10000個ある味蕾という器官が受けとる。その味蕾を構成しているのが、味の情報を脳につたえる味細胞。味細胞は、約10日であたらしい細胞に入れかわるんだ。入れかわりに必要なのが亜鉛で、亜鉛不足になると味覚障害の原因となることもあるんだよ。

亜鉛が必要なのです

はがさないでください

寿命 10日

★ 血小板
♥ 10日
ケガをしたときに、傷口で血をかためて出血をとめてくれる血小板。乾くとかさぶたになり、細菌が入ってくるのを防いでくれるんだ。だから、かさぶたははがさないようにね。10日ほどで古くなった血小板は、脾臓という器官に送られ、壊される。

寿命 11.5日

★ 白血球
♥ 3〜20日
白血球は、血液の中を動きまわり、細菌などの病気の原因になるものを飲みこんでくれる。菌と闘うために、新鮮さと元気よさが必要なので、寿命は比較的短い。白血球の力を強めるためには、ビタミンが多くふくまれている野菜や果物を食べたり、運動したりすることが大切なんだ。古くなった白血球は、肝臓に送られ、壊される。

元気よさが大切なんだ

★ 皮膚
♥ 4週間
水や気温に対処したり病原菌が入るのを防いだりして、体を守ってくれている皮膚。もし、体からはがして広げたら、畳約1枚分の大きさで、重さは約3kg。人体で最大の器官なんだ！1兆3000億個の細胞があり、約20分ごとに3〜4万個の細胞が死んで、あたらしい細胞が生まれる。死んだ細胞は、垢となってはがれ落ちるんだよ。

死んだらアカになる

寿命 4週間

生涯、酸素をはこびます

寿命 120日

★ 赤血球
♥ 120日
血液は、薄茶色の血に、顕微鏡でやっと見えるくらいの小さな細胞たちがぷかぷかと浮いてできている。そのなかで、一番多い細胞が赤血球。血液1滴あたりに約500万個もふくまれているんだ。酸素を取りこんで全身に運び、二酸化炭素を回収してくれる重要な存在だ。寿命がきたり傷をおったりすると、脾臓に送られ、壊される。

つくってこわして

毎日100本さようなら

★ 髪の毛
♥ 4年

髪の毛は、毎日約100本抜けている。もし抜けて二度と生えてこないとしたら、10〜20万本ある髪の毛は、4年ですべてなくなってしまうんだ（男女平均）。髪の毛は、1週間に2mmずつのびている。美容院で毛を切られても痛くないのは、皮膚の表面より上にある毛はもう死んでいるからなんだよ。

寿命 **4年**

寿命 **3年**

★ 骨
♥ 3年

人体には200個以上の骨があり、体をささえたり内臓を守ったりしている。骨は折れることもあるけれど、あたらしい細胞ができて自分で修復をはじめるよ。骨には骨芽細胞（あたらしい骨をつくる細胞）と破骨細胞（古くなった骨を壊す細胞）があり、毎日少しずつ骨がつくり変えられている。成人では、約3年で骨が生まれ変わっているんだ。

★ 肝臓の細胞
♥ 150日

肝臓は、消化を助ける胆汁をつくったり、血液の栄養をつくりかえたりなど、工場のような役割をしている。肝臓のほとんどは「肝細胞」という細胞からできていて、150日という期間であたらしいものに更新されていく。肝臓は、8割切りとったとしても約4ヶ月で元の大きさにもどるほど回復力にすぐれているタフな器官なんだよ。

寿命 **150日**

タフなんです

か弱い命なのです

★ まつ毛
♥ 4ヶ月

まつ毛は、美容を気にする女性にとって大事な毛。1〜3ヶ月かけて最長7〜8mmまでのび、2〜4ヶ月は成長がとまって、そのあと抜け落ちるというサイクル。年齢をかさねるごとにサイクルは短くなって、生えるまつ毛も短く細くなっていくんだ。髪の毛にくらべて生えぎわが不安定なため、目をこするだけで抜けてしまうことも多いんだよ。

寿命 **4ヶ月**

人より先に死んでしまう

★ 歯
♥ 50〜70年

食事や発音などには欠かせない歯。子どものころ20本生えている乳歯は、6歳前後から6〜7年かけて32本の永久歯（親知らずふくむ）へと生え変わっていく。そして、歳をとるにつれ歯も老化していく。人の平均寿命が80年以上あるのに対し、歯の寿命は50〜70年。人によっては、何十年か歯がない状態で暮らすことになるんだ。

寿命 **60年**

じつは、なくてはならない存在

★ 爪
♥ 80年（人の一生分）
爪は、皮膚の表面の組織が死んでできる角質層がさらにかたくなったもの。手の爪は足の爪の4倍のはやさで、1ヶ月で2.5mmのびる。爪があることで、細かい手作業がしやすく、皮膚は守られている。また、足に爪がなければ歩くこともできないんだよ。

寿命 80年

死んでくばかり…けど長持ち

寿命 80年

脳の神経細胞
♥ 80年（人の一生分）
脳は、勉強したことをおぼえたり体で感じたことを理解したりする重要な器官。ニューロン（神経細胞）のあいだをシナプス（電気信号）がつたわることで脳が働くんだ。ニューロンは数千億個あり、30歳ごろから1日10〜20万個死んでいく。減るばかりで増えることはないけれど、人が生きていれば150年でも生きつづけるといわれている。

一生に3兆回

寿命 80年

★ 心臓
♥ 80年（人の一生分）
心臓は筋肉からできた臓器で、血液を体中にめぐらせるポンプの役割を果たしているんだ。ドクンドクンという鼓動を、1分間に約70回＝1日に約10万回＝一生に約3兆回打ちつづけるんだよ。人が生きているあいだ、絶えず鼓動を打って、私たちの体を生かしているんだ。

全身に血液をおくる
まめちしき
心臓は毎分5Lほどの血液を送る

タバコで寿命がちぢむ

寿命 80年

★ 肺
♥ 80年（人の一生分）
肺は、口や鼻から吸いこんだ空気から酸素を取りこみ、体の中の二酸化炭素と交換する働きをする。本来100年以上働けるけれど、タバコを吸う人は肺の病気になりやすく、毎年13万人の喫煙者が早死にしているんだ。タバコの煙には、肺の組織を壊す成分がふくまれていて、一度破壊された肺は二度と元にはもどらないんだよ。

こきゅう / おじいちゃんの肺に！

運動で長生き

寿命 80年

★ 筋肉
♥ 80年（人の一生分）
筋肉がないと、体は動かない。ただ歩くだけでも100個以上の筋肉が、脳の命令によって動いている。赤ちゃんがあまり動けないのは体に筋肉が少ないからで、成長とともに筋肉は増えていくんだ。だけど、20歳を過ぎるとだんだん筋肉は減っていき、70代には20代のときの4割に減少してしまう。筋肉を長生きさせるには、やはり運動が欠かせない。

やせいのゾウがごはん

旧石器時代
♥15歳

数百万年前〜1万5000年前までが、旧石器時代。この時代には、野性のマンモスゾウやナウマンゾウがたくさんいた。人々は、落とし穴をつくったり木と石で槍をつくったりして、みんなで力を合わせてゾウを狩った。そして、焼いたり生で食べたりしながら、一生懸命生きていたんだよ。

寿命 **15**歳

まめちしき 旧石器時代に包丁はないから石のはへんなどで肉を切った

縄文時代
♥15歳

旧石器時代にはなかった土器が、縄文時代の人々によってつくられるようになった。この土器を鍋のようにつかい、食べ物をやわらかく煮て、よりおいしく食べられるようになったんだ。調理の幅が広がったことで、以前より食べられるものが増え、人口も増えていったんだよ。

寿命 **15**歳

まめちしき 縄文人は赤ちゃんを大切にしていてねんどの板に手がたや足がたをとっていた

命を増やした土器

大きなお墓をつくる

古墳時代
♥10〜20代

弥生時代にはじまった稲作がさかんになると、貧富の差ができはじめた。そのため、地域の支配者があらわれはじめたんだ。支配者たちは自分の権力をしめすために、たくさんの人力と長い年月をつかって、全長300mにもなる自分の巨大なお墓（古墳）をつくらせたんだよ。

寿命 **10〜20**代

まめちしき 古ふん時代にお米をかまどでむすようになった

飛鳥・奈良時代
♥28〜33歳

飛鳥・奈良時代には、法律で身分が定められ、貧富の差はさらにひらいていった。庶民と呼ばれる人たちは、米や布をおさめさせられたり、寺づくりなどの労働にかり出されたりした。生きていくことに必死だった庶民は、そまつな家に住んで質素な食事。その反対に、貴族は立派な家に住んで豪華な食事をしていたんだ。

広がる貧富の差

寿命 **30.5**歳

天候不順できびしい世の中

★鎌倉時代
♥24歳
世の中が安定していた鎌倉時代。けれど1200年代になると、はげしい天候不順に見舞われることが多くあったんだ。暴風雨やきびしい冷えこみがつづいて、農民が一生懸命働いても農作物がほとんどとれない。そんななかで人は生きていくために、人の肉を食べたり親が子どもを川に捨てたりすることもあったんだ。

みなもとのよりとも
寿命 24歳

効果抜群の二毛作

★弥生時代
♥18～28歳
弥生時代になると、朝鮮や中国から米がつたわってきた。稲作の文化と一緒に、あたらしい土器や便利な道具類、武器もつたわってきたんだ。いろいろなものが増えて、暮らしが豊かになった。けれど、それと同時に、人々は武器をつかい米や土地をうばい合うようになってしまったんだ。

お米をつくるようになった

ブタや犬の肉がおかずだった
寿命 23歳

寿命 15歳

★室町時代
♥15歳
鎌倉時代から室町時代にかわっても、争いごとの多さや農作物の不作はつづいていたんだ。けれど、農業で「二毛作」という土地を有効利用する方法がつかわれはじめた。「二毛作」とは、秋に稲の収穫が終わったあと、その田んぼでほかの作物をつくること。そして、食べ物の収穫量を増やすことができ、人口も増えはじめたんだ。

★平安時代
♥30歳（貴族の寿命）
平安時代にはより権力を持つ貴族があらわれた。庶民は働き、バランスのとれた質素な食事をしていたけれど、貴族は働かず、1食で20～30皿もあるような豪華な食事をしていたんだ。蒸して栄養が少なくなった白米や、塩づけにされた海産物など、栄養の偏ったものを食べていたので、栄養失調などではやく死ぬ貴族がたくさんいたんだよ。

ごうかな食事が命とりと

寿命 30歳

79

世界の人の寿命

平均寿命は、国によってさまざまだ。寿命が世界最高の日本と、最低のレソトでくらべてみると、83歳と50歳でその差はなんと33歳。同じ「人」でも、寿命にこれだけの差があるのはどうしてなんだろう。ここでは、世界196ヶ国のうち20ヶ国に着目し、国の情勢と寿命の関係を解説していくよ。

あとを絶たない食料不足

★ レソト
♥ 男性：49歳
　 女性：50歳

レソトは、南アフリカにある小さな王国。貧困問題を抱え、国民の3分の1以上が1日1ドル以下で生活をしている。よく起こる干ばつで食料不足がつづき、他国からの食料支援を受けているんだ。また、HIVの感染率が高く、2004年のピーク時には平均寿命が35歳まで下がった。HIVで親を亡くした子どもは10万人以上いる。

寿命 50歳

★ シエラレオネ
♥ 男性：50歳
　 女性：51歳

シエラレオネは医療不足で、看護師の数は人口1万人あたり2人しかいない。出産時に母親が死亡する確率が世界で最も高く、さらに5人に1人の子どもが5歳になる前に命を落とすんだ。2014年5月以降にはエボラ出血熱が大流行し、1年半で1万人以上が亡くなった。

感染症とのたたかい

寿命 50歳

日常をとりもどせ

★ 中央アフリカ
♥ 男性：48歳
　 女性：51歳

中央アフリカでは、2013年〜2015年5月、キリスト教徒とイスラム教徒の対立による内戦が起きていた。多くの子どもたちが少年兵として戦わされた。目の前で家族が襲撃され、暴力を受け、心に深い傷を負ったんだ。今、子どもたちが安心・安全に過ごせる日常をとりもどすことがもとめられている。

寿命 50歳

戦争は今もつづく

★ ナイジェリア
♥ 男性：52歳
　 女性：52歳

ナイジェリアの北部にあるボルノ州では、過激派組織と政府の紛争が今もつづいている。紛争から逃れるために家を出た人は270万人以上、大学などの教育施設が避難所となっているんだ。紛争は、カメルーンなどほかの国にまで広がっていて、自爆攻撃や戦闘が毎日のように起きている。

寿命 52歳

★ パプアニューギニア
♥ 男性：60歳
　 女性：65歳

パプアニューギニアは、大小600以上の島々からできていて、世界で2番目に大きい島がある自然豊かな場所なんだ。けれど、女性への家庭内暴力や性暴力がたくさん起こり、幼い少女までもが被害にあっている悲しい現状もある。犯罪者がお金をはらえば解決してしまうこともその要因となっていて、事件はあとを断たないんだ。

寿命 62歳

女性の地位が低い国

病院がターゲット

★ イエメン
♥ 男性：62歳
女性：65歳

イエメンでは、今も政府と反体制派による内戦がつづいている。病院が壊されることが多く、国民が緊急医療を利用することがむずかしい状況だ。「国境なき医師団」は、1週間で約400人もの負傷者を治療していて、その患者の9割が、空爆や銃撃、地雷などによるものなんだ。

寿命 **64**歳

お金があれば助かる命

★ インド
♥ 男性：66歳
女性：69歳

インドでは、はげしい貧富の差、病気の流行、女性への暴力など、問題がたくさんあるんだ。毎年100万人近くの子どもが亡くなる「肺炎」も、大きな問題の一つ。肺炎をふせぐワクチンは1人分で約1000円。貧しい人々にとっては値段が高すぎるので、安くするようもとめられているんだ。

寿命 **67**歳

★ シリア
♥ 男性：64歳
女性：76歳

シリアでは、宗教問題がきっかけで2011年から政府と反体制派による内戦がつづいている。空爆などをつかったはげしい戦闘で、4年間で約7万5千人が亡くなっているんだ。さらにその倍以上の人数が感染症で亡くなっている。生きのびるために、小さなボートをつかって命がけで海へ出て、ヨーロッパに逃げる人が絶えないんだ。

寿命 **70**歳 人口の半分が避難

お酒とタバコは命とり

★ ロシア
♥ 男性：64歳
女性：76歳

女性の平均寿命が76歳なのにくらべて、男性が64歳と短いロシア。原因は、アルコール度数の高いお酒のウォッカとタバコだ。男性の4人に1人はウォッカが原因で、55歳未満で亡くなっている。アルコールを大量に飲む人による暴力、自殺、事故、病気が死亡率を上げているんだ。

寿命 **70**歳

★ 北朝鮮
♥ 男性：66歳
女性：73歳

北朝鮮の2015年の平均寿命は70歳。となりの韓国の81歳にくらべ11歳も低い。90年代後半に、ソ連崩壊の影響で経済危機にせまられた北朝鮮は、貧しい人々に十分な食料をくばらなかったため、350万人の餓死者を出したんだ。2010年以降、平均寿命は上がりはじめたけれど、世界の平均寿命に追いつくのは、2024年ごろと見られている。

寿命 **70**歳 350万人が餓死

治安と貧困の問題

★ アメリカ
♥ 男性：76歳
　 女性：81歳

アメリカの平均寿命は、日本など、ほかの先進国とくらべると短い。アメリカ人がはやく死ぬ原因の1つとして考えられているのが、薬物中毒や銃撃、交通事故などの治安問題。また、貧困問題も寿命に影響する。1950年生まれの男性の場合だと、収入が最高レベルと最低レベルの人の平均余命には14年もの差があるんだ。

寿命 **79歳**

2016年 国民幸福度1位！

★ デンマーク
♥ 男性：78歳
　 女性：82歳

デンマークでは消費税が25％と高いかわりに、医療費や出産費、教育費が無料など、さまざまな生活支援があるんだ。また、首都のコペンハーゲンでは、住民の半分が自転車で移動しているため、健康、家計、環境にいい影響を与えている。毎日30分サイクリングするだけで、平均寿命は1〜2年のびるといわれているんだ。

寿命 **80歳**

麻薬から命を守れ

★ メキシコ
♥ 男性：74歳
　 女性：79歳

メキシコは、経済活動が活発だが、大きな治安問題を抱えている。貧富の差が大きく、身代金目的の誘拐犯罪がよく起きているんだ。2006年からは、麻薬を扱う組織のなわばり争いがつづき、12万人もの国民がまきこまれて殺されている。2005年から2010年のあいだで殺人発生率は2倍になり、平均寿命にも影響を与えているんだよ。

寿命 **76歳**

医りょうと教育の先進国

★ キューバ
♥ 男性：77歳
　 女性：81歳

1959年のキューバ革命のあと、医療大学が20校以上、医師の数は12倍以上増えて、予防医療のとりくみや医療費の無料化が進んだ。そのため、平均寿命は20歳以上のびたんだ。教育費や勉強道具も無料となっているため、キューバの医療・教育は世界から注目されているんだよ。

寿命 **79歳**

大気汚染でちぢんだ寿命

★ 中国
♥ 男性：74歳
　 女性：77歳

中国の人口数は世界一。めざましい経済成長をとげてきたその陰で、北部を中心に石炭燃料による大気汚染が進んだ。そのため、北部に住む5億人の平均寿命が5年短くなった可能性があるんだ。最近では、質のいい医療サービスを受けるために日本をおとずれる中国人も増えているほどだ。

寿命 **75歳**

世界 NO.1 長寿大国

心も体も健康よ！

寿命 82歳

フランス
♥ 男性：79歳
女性：85歳

フランスは社会制度が充実していて、世界長寿国の1つだ。安い医療費、主治医を持つシステムなどすぐれた医療制度がある。また、週に35時間以上働いてはいけないという労働制度など、健康にとりくむ社会づくりが進んでいる。育児休暇中の3年間は職場のポジションが保証される制度もあり、女性が働くことに心強い国なんだ。

まめちしき
バカンスを都市ですごす人のためにセーヌ川の岸に人口ビーチをつくった パリプラージュ が毎年夏に行われる

寿命 83歳

日本
♥ 男性：80歳
女性：86歳

日本は世界一の長寿国。医療と教育のレベルが高く、赤ちゃんが亡くなることや犯罪が起きることが少ない。質素でバランスのいい日本食も長寿の秘訣。でも、今は高齢化が問題になっているうえ、長生きしたとしても最期の10年ほどは介護を受けないと生きていられないといわれているんだよ。

健康でうつくしい国をめざす

シンガポール
♥ 男性：80歳
女性：86歳

シンガポールは、国民の健康のため、国でいろいろなとりくみをしている。酒やタバコの税金を引き上げたり、運動をうながす公園をつくったり。そのおかげで、2012年には「世界で最も健康な国々」ランキングで1位になったんだ。けれど、近ごろは外食と運動不足の影響で、若い人たちの肥満が大きな問題になってきているんだ。

まめちしき
公園のように美しい国 ガーデンシティをめざし さまざまなほうりつがつくられた ポイすてすると 5000ドルのばっきん など （約30万円）

寿命 83歳

アンドラ
♥ 男性：80歳
女性：85歳

アンドラは、ピレネー山脈のなかにあり自然がとても豊か。長寿の秘訣は、きれいな空気と水、脂肪の少ない肉や野菜、オリーブオイルなどでつくられる地中海の食事にある。医療もレベルが高い。軍隊はなく、戦争のない平和な時代が700年ものあいだつづいているんだ！

世界一 タバコにきびしい国

寿命 83歳

オーストラリア
♥ 男性：81歳
女性：85歳

オーストラリアの平均寿命は、急にのびはじめている。それは、タバコの値上げなどによる徹底的な禁煙を進めるとりくみや、貧しい人でも質のいい医療を無料で受けられる制度をつくるなどの、国の成果なんだ。今は、65歳以上の人が全体の15％を占める350万人になっている。日本と同じように、高齢化問題を抱えているんだよ。

しずかにつづく 山国の平和

寿命 83歳

建築物 の寿命

人の生活に欠かせない家や道路、歴史的な遺産など、世界には、街を彩るたくさんの建築物がある。けれど、もしも建物が寿命をむかえて壊れてしまったら、多くの人の命をうばってしまう危険な存在にもなりうるんだ。建物たちが一体どのように生かされているのか、身近なものから遠い国のものまで解説していくよ。

子どもの安全を守れ

寿命 10年

🌟 公園の遊具
♥ 10年
外で風雨にさらされ、いつかは寿命がくる遊具は、点検・修理がおこなわれる。けれど、専門家でない公務員がおこなってきたため、ブランコのチェーンがちぎれたり、鉄棒がはずれたりして、遊んでいる子どもがケガをすることもあった。そんなことが起こらないよう、今、より質の高い点検をめざし改善されている。

プールも水もきれいに

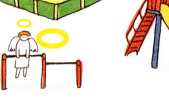

寿命 22.5年

🌟 水泳プール
♥ 20〜25年
プールの水には、消毒のため、塩素などの薬剤が入れられているんだ。ただし、プールが薬剤と接触しつづけると、腐食やペンキのはがれが進んでしまう。みんなが安全に泳げるプールであるように、数年に1度、ペンキの塗り直しや工事をおこなって寿命をのばすんだよ。

校舎を長生きさせよう

寿命 40年

🌟 学校の校舎
♥ 40年
本来、校舎の耐用年数は約40年だけれど、全国にある多くの校舎が築25年以上経っている。すべて建てかえようとすると莫大なお金がかかってしまうため、リフォームすることで寿命を70年以上にのばしていく方針になっているんだよ。

日本をつなぐ使命

寿命 50年

🌟 高速道路
♥ 50年
高速道路は、高度経済成長期以降に集中して整備されたため、近年、さまざまなところで寿命をむかえている。東京とまわりの地域を結ぶ首都高は、1日平均90万台以上の車が通るため、疲労も大きい。日々、深夜に何百人もの作業員があつまって、点検作業や補修工事をおこなっているんだよ。

元祖！東京のシンボル

寿命 50年

🌟 東京タワー
♥ 50年
ラジオの発信や、風向きや風速をはかるなど、いろいろな仕事をしている東京タワーの耐用年数は50年。1958年に誕生してからすでに50年以上が経っているけれど、定期的なメンテナンスによって長生きしている。鉄が錆びないように質のいいペンキに塗りかえる作業では、1回に8億円もかかっている！

家

♥ 58年
戦後の急速な建築や、高度経済成長期の買いかえと住みかえのくりかえしにより、家の質は低下、寿命は約30年と短命になったんだ。けれど今は、古い建物のよさを大切にして長く住むという価値観が生まれている。リフォームやリノベーションをする人が増えているので、住宅の寿命はのびてきているんだ。

寿命58年

住まいを長く愛そう

人を水から水で救う

寿命100年

ダム
♥ 100年
川の水をせきとめて洪水の被害を減らしたり、雨水をためてつくった水道水を提供したりと、ダムは人の生活をささえてくれている。もともと100年つかえる構造物としてつくられているけれど、災害に負けないよう、コンクリートを厚くしたりしてさらに丈夫にし、寿命をのばす努力がされているんだ。

世界一のタワー

東京スカイツリー
♥ 100年
2012年に完成した高さ634mの電波塔。日本で最も高い建築物、そして世界一高いタワーとしてギネス認定されているんだ。最新の建築技術が活かされていて、500年に1度あるかないかの暴風をも想定した設計になっているんだよ。寿命は最短で100年、メンテナンスを十分におこなえば、それ以上長生きできるんだ。

寿命100年

トンネル
♥ 60〜75年
トンネルの耐用年数は60〜75年。けれど、築35年のトンネルが崩壊した大事故が起きてから、年数に関係なく、すべてのトンネルで5年に1度の点検が義務づけられた。全国のトンネル約1万3000ヶ所の半数近くが築30年を過ぎているため、必要な補修工事が急がされている。

仮住まいから終のすみかへ

マンション

♥ 60年
建築につかわれている材料や、工事技術の質の向上によって、マンションの寿命はのびている。マイホームを購入するまでのステップとしてつかわれることが多かったけれど、今では、ずっとマンションに住もうと考える人が増えてきているんだ。

寿命60年

点検必須!

寿命67.5年

★ エッフェル塔
♥ 現在約130歳
（本来20年）

1889年に完成したパリのシンボル、エッフェル塔。当初寿命が20年で設計されていたけれど、改修工事をくりかえした結果、現在130歳！ なんと、7年に1度18ヶ月の期間をかけて、60tの塗料をつかって塗装がおこなわれる。その塗料は、パリの街並みに似合うようにつくられた「エッフェルタワーブラウン」という特別な色なんだ。

現在130歳

専用ペンキでオシャレに

もはや万里じゃない

★ 万里の長城
♥ 現在約400歳
（寿命は不明）

秦の始皇帝が、北方の騎馬民族の侵略から中国本土を守るためにつくりはじめた城壁。増築や修復がくりかえされ、着工から完成まで2000年かかったんだ。けれど、地震や風雨、壁の隙間から生える樹木によるダメージや、レンガがぬすまれる事件があり、保存状態がいい部分は、今や全体の8％ほどしかない。

現在400歳

★ サグラダファミリア
♥ 現在0歳
（着工から約135年）

今は亡き建築家、アントニ・ガウディが手がけた世界遺産の巨大な教会。今も建造が進められ、1882年の着工からすでに130年以上が経っているんだ。ステンドグラスがうつくしい大聖堂や博物館などがあり、現在、年間320万人もの観光客がおとずれるサグラダファミリアが、完成するのは2026年の予定。

着工135年

誕生まであと少し

★ タージマハル
♥ 現在約360歳
（寿命は不明）

インドの世界遺産、タージマハルは、ムガル皇帝シャー・ジャハンが、亡くなった妻のためにつくったお墓。22年間毎日2万人が建設を進め1653年に完成。近くの川が洪水になっても浸水しない丈夫な構造。しかし、劣化が目立ちはじめた近年、毎日100人以上が建築当時と同じ手作業で修復・清掃をおこなっている。

世界一美しい墓

現在360歳

★ 自由の女神
♥ 現在約130歳
（寿命は不明）

ニューヨーク港のリバティ島に立つ自由の女神は、アメリカ独立100周年記念にフランスから贈られた93mの像。緑青（錆びて自然についた色）が表面を覆い、直射日光や雨から守る役割を果たしているため、100年もその姿を保っているんだ。だから、最初はピカピカの銅色だった自由の女神も、今は緑青色なんだよ。

現在130歳

生まれたては銅色だった

イケメンの大仏さん

現在765歳

★ 鎌倉の大仏
♥ 現在約765歳
（寿命は不明）
1252年から約10年かけてつくられた鎌倉の大仏。歌人・与謝野晶子が美男と詠んだことで有名なんだよ。完成当時は大仏殿の中におかれていたけれど、台風や地震で建物がたおれ、現在のような外ですわっている姿になったんだ。

よみがえったモアイたち

現在1400歳

★ モアイ
♥ 現在約1400歳
（寿命は不明）
イースター島では6世紀からモアイの建造がはじまったが、島民同士の争いや災害で破損し、1000年つづいたモアイ文化は終焉。島には、今でも1000体ほどのモアイが横たわっているんだ。けれど、日本のあるクレーン会社が数年かけてモアイを立ちあげ、今では計45体の像が蘇っているんだよ。

木はとっても丈夫

現在1400歳

★ 法隆寺
♥ 現在約1400歳
奈良県の世界遺産、法隆寺は、世界最古の木造建築物。飛鳥時代に、聖徳太子が建てた仏教寺院だ。柱など重要な部分にはヒノキがつかわれていて、現在でも建立当時とあまり変わらない強度を保っている。現在1400歳以上の法隆寺は、さらに1000年以上今の姿で生きつづけるといわれているんだ。

★ コロッセオ
♥ 現在約2000歳
（寿命は不明）
ローマの世界遺産、コロッセオは、約2000年前に闘技場としてつくられた。現代のコンクリートよりもっと丈夫な、火山灰を使用したローマン・コンクリートでつくられている。ローマン・コンクリートは、大気中や土中の炭酸ガスを吸収して材料が炭酸化したことで、数千年という時を越えてきたといわれているんだ。

現在2000歳

ご長寿コンクリート

★ クフ王のピラミッド
♥ 現在約4500歳
（永遠の耐久性を持つ）
エジプトには、現在90基ものピラミッドがある。そのなかでも、今から45世紀前につくられたクフ王のピラミッドは、1つ2.5tもある石灰石が、230万個も使用されてつくられており、最も大きい。非常に精巧につくられていて、永遠の耐久性を持つといわれている。

エジプト史上最大ピラミッド

現在4500歳

天体の寿命

ふいに大雨が降ったり、うつくしい夕焼け色に染まったり、いろいろな表情を見せる不思議な空。そして、空よりもっともっと上に広がる宇宙では、今日も太陽や月、そのほかたくさんの星たちが輝き、生きているんだ。ここでは、天気など空で起こる現象と、宇宙に浮かぶものたちの壮大な寿命を紹介するよ。

雷は大きな静電気

寿命 45分

⭐ 雷雲
♥ 45分
（数kmの1つの雲の場合）
積乱雲の上部から、くっついて大きくなった氷の粒が落ちると、下からのぼってくる水滴や小さな氷の粒とぶつかり、静電気を起こす。そして雲の中で静電気の量が増えると、空気をやぶって電気が流れ、雷が落ちるんだ。雷雲は、1つの雲で約45分、いくつもかさなってできたものは数時間〜半日経つと消えるんだ。

つかの間の嵐

寿命 5日

⭐ 台風
♥ 5日
赤道近くのあたたかい海の上では、上昇気流ができやすく、積乱雲がたくさん生まれる。地球の自転の影響を受けた風が大きな渦をつくり、積乱雲があつまって台風が誕生するんだ。そして、風に流されて移動していくんだよ。つめたい海の上や陸地にくると、水蒸気が補給されず、おとろえていくんだ。

突然おじゃまします

寿命 1時間

⭐ ゲリラ豪雨
♥ 1時間
急に、せまい範囲ではげしく降り出し1時間ほどでやむ雨をゲリラ豪雨（気象用語では局地的大雨）という。ゲリラ豪雨を降らす積乱雲は、夏によく見る高く盛りあがった雲。しめったあたたかい空気が上昇するとできるんだ。幅がせまいから、降る地域もせまくて予測がむずかしいんだよ。空気が下降するとともに、雲はおとろえて雨もやむ。

形ちがえば速さもちがう

⭐ 雪
寿命 数時間

♥ 数時間
上空でできた氷が落ちながら溶けて水滴となったものを雨というけれど、地表の温度が0℃以下だと、溶けずにそのまま落ちてくる。それが雪なんだ。雪は氷の結晶で、六花型、針状、角板状など、そのときの環境によってさまざまな形になるんだ。雪が地上に落ちてくるまでは数時間。形によっても時間は変動するんだ。

夜にモクモク…

寿命 2時間

⭐ 放射霧
♥ 日の出から1〜3時間
霧にも種類があるけれど、全国で、秋から冬にかけてよく発生するのが放射霧。夜になって地表近くの空気が冷えると、水蒸気が小さな水滴となってあつまって空中に浮かんでできるんだ。日の出後、1〜3時間ぐらいで消えてしまうんだよ。

季節のケンカで生まれる

寿命 40日

★ 梅雨

♥ 40日以上（5〜7月）

春から夏へと変わるころ、北から吹くつめたい空気と南から吹くあたたかいしめった空気が、日本上空でぶつかり合う。すると、雲がたくさんできて、雨が降りやすくなる。この現象が起きる時期を梅雨というんだ。7月なかばになると、太平洋からしめった暑い南風がやってきて、梅雨は終わるんだよ。

宇宙に生涯を捧ぐ

寿命 20年

★ ハッブル宇宙望遠鏡

♥ 20年（設計寿命）

ハッブル宇宙望遠鏡は、宇宙空間に浮かぶ巨大な望遠鏡。周囲に空気がないため、鮮明な星の写真を得ることができ、宇宙開発に役立っているんだ。1990年に打ち上げられ、寿命をのばすため宇宙飛行士が2009年までに5回の修理をおこなった。2014年で25周年をむかえ、設計寿命（設計段階での狙いの寿命）の20年を超えているんだよ。

キャッツアイすいせい　STARS
ハッブル宇宙望遠鏡がさつえいした写真

質量によってかわる死にかた

寿命 数百万年〜

★ 星

♥ 数百万年〜数百億年以上

多くの星はガスを燃やして輝く。その燃料を多く持つ重い星ほど一気に輝くから、数百万年くらいで死ぬんだ。反対に燃料の少ない軽い星は、ゆっくり燃えて1000億年近く輝きつづける。星が死ぬと芯だけの姿になるけれど、太陽の8倍重い星の場合は、膨張して大爆発する。さらに太陽の30倍ほど重い星だと、小さくちぢんでブラックホールとなってしまうんだよ。

オリオン座のお年寄り

寿命 1000万年

★ ベテルギウス

♥ 1000万年

ベテルギウスは、オリオン座の一点を結ぶ星で、地球から見える恒星（自分で光を放って輝く星）で9番目に明るい星なんだ。ベテルギウスは今、赤色巨星（寿命が近づき赤くなっている姿）となっている。寿命が近づき膨張しているため、太陽の500〜1000倍もの大きさとなっているんだよ。

おうし座の一部です

寿命 7000万年

★ プレアデス星団

♥ 7000万年

プレアデス星団は、おうし座の一部の星々。肉眼でも、冬の空に青白くかがやく6つの星が確認できる。望遠鏡だと、120個ほどの若い星があつまっているのが見える。6000万年ほど前に生まれ、表面温度が極めて高い白色巨星なんだ。あと1000万年ほどで爆発を起こして、消滅するといわれているよ。

もとは地球のカケラ

★ 太陽
♥100億年

太陽は、燃えているガスのかたまり。その表面温度は約6000度で、地球にそそがれている熱はその22億分の1にすぎないんだ。地球上の生き物にとって欠かせない存在である太陽も、今から約50億年後には死ぬといわれている。直径が今の200倍にふくらみ、表面のガスがはがれ、芯だけとなって宇宙の闇に消えていくんだ。

寿命 **100**億年

年おいた太陽はどんどんふくらみ地球とのキョリがちぢまり、そのえいきょうで地球上の生命もしょうめつすると言われている

寿命 **100**億年

いつか宇宙の闇へ

★ 月
♥100億年

月は、地球のまわりをまわる衛星。直径は地球の約4分の1、質量は地球の80分の1だ。46億年前、生まれたての地球に巨大な天体が衝突したとき、飛びちった一部から月が生まれたという「ジャイアント・インパクト説」が最も有力。約50億年後に起こるといわれている太陽膨張のときに、焼かれて蒸発し、消えてしまうといえているよ。

★ 地球
♥100億年

寿命 **100**億年

はるか遠い昔、太陽のまわりをまわるちりやガスがあつまってできた無数の微惑星が、衝突と合体をくりかえして1つの惑星となった。そして、長い長い年月をかけて、生き物が住める空、海、陸を形成して地球となったんだ（約46億年前）。今から約50億年後、太陽が膨張して死ぬときに地球も黒こげに焼かれて蒸発させられてしまうといわれているんだよ。

死は太陽とともに

★ ブラックホール
♥10の65乗年以上

重い星の死後の姿であるブラックホール。重力が非常に大きく、角砂糖1つの大きさで数百億tにもなり、秒速約30万kmで進む光さえも脱出できない天体なんだ。最後には爆発して消えるといわれているけれど、その様子はまだ誰も見たことがない。

ワタシはどのように死ぬのだろう？

★ 宇宙
♥数百億年後

寿命 **数百億**年後

今から約137億年前、時間や空間さえもない場所で、密度が非常に大きく温度が1兆度以上もある火の玉が大爆発して、宇宙は誕生したといわれている（ビッグバン理論）。爆発後、膨張して今の姿となり、現在も膨張をつづけている。宇宙の終わりについてはいろいろな説があってはっきりとした答えはわからない。一説によれば、寿命は数百億年後と推測されている。

寿命 **10の65乗**年

星のオバケ

あとがき

ここまで読んでくれてありがとう。

『寿命図鑑』はどうだった？
いろんな「死」を見つめて、
少し悲しくなってしまったかな？

だけどね、ワタシは
みんなに寿命があることは、
とても素敵なことだと思うんだ。

だって、
みんないつか死んでしまうから、
夢を叶えようとしたり、家族をつくろうとしたりするんだ。
いつか枯れてしまうから、花が咲くとうれしいんだ。
壊れたり無くなったりしてしまうかもしれないから、
宝物にしたくなるんだ。
すぐに消えてしまうから、虹を見たとき感動するんだ。

寿命があるからこそ、
ワタシたちは一瞬一瞬を大切にできて、
いろんなものを愛せるんだよ。

一度しか生きることができない自分の一生だから、
自分の命もまわりの命も大切に、
明日も自分らしく生きていこうね。

それでは。

索引

【あ】

アイスクリーム	57
アオリイカ	20
アカウミガメ	26
アカエイ	24
アカカンガルー	13
アカテガニ	23
アカハライモリ	15
アキアカネ	40
アサガオ	44
アジサイ	46
味細胞	73
アシナガバチ	38
飛鳥・奈良時代	78
アズマモグラ	11
安土桃山時代	80
アブラゼミ	41
アブラムシ	36
アフリカゾウ	17
アメリカ	86
アメンボ	37
雨	96
アライグマ	11
アリジゴク	40
アンドラ	87
家	91
イエメン	85
イセエビ	24
イタチ	10
イチゴ	54
一万円札	62
イトヨ	20
イネ	44
入れ歯	62
インド	85
ウェルウィッチア	48
ウグイス	30
宇宙	99
ウバユリ	46
ウマ	15
エアコン	67
液晶テレビ	67
エッフェル塔	92
江戸時代	80
エレベーター	69
鉛筆	60
エンマコオロギ	38
オオアナコンダ	12
大型外航船	69
オオカミ	13
オオクワガタ	41
オオサンショウウオ	17
オーストラリア	87
オオマツヨイグサ	46
オオミノガ	39
オーロラ	96
お米	56
オジギソウ	44
オシドリ	31
オナモミ	45
オニヤンマ	41

【か】

蚊	36
飼い犬	13
絵画	63
カキ	24
カゲロウ	39
カタクリ	47
カタツムリ	40
カッコウ	33
学校の校舎	90
カップ麺	57
蚊取り線香	60
カバ	16
カブトムシ	38
カマキリ	39
鎌倉時代	79
鎌倉の大仏	93
雷雲	97
髪の毛	74
カラス	30
カラスノエンドウ	45
ガラパゴスゾウガメ	17
カルガモ	32
カレー	52
カワセミ	31
カワラバト	31
肝臓の細胞	74
缶づめ	57
キイロショウジョウバエ	36
キクガシラコウモリ	11
キジオライチョウ	30
キタキツネ	12
北朝鮮	85
キツツキ	31
キヒトデ	25
キャベツ	55
嗅細胞	72
旧石器時代	78
牛乳	55
キューバ	86
キリン	14
筋肉	75
クジャク	32
薬	61
くつ	60
クフ王のピラミッド	93
クマノミ	22
クマムシ	38
グリーンイグアナ	14
クリオネ	21
車	68
車のタイヤ	63
クロオオアリ	38
クロカジキ	24
クロマグロ	25
グンカンドリ	33
ケーキ	52
化粧品	61
血小板	73
ゲリラ豪雨	97
ゲンジボタル	39
コアラ	15
公園の遊具	90
高速道路	90
コウテイペンギン	23
ゴールデンハムスター	10
コガネグモ	39
ココヤシ	49
コナラ	48
古墳時代	78
コモドオオトカゲ	15
ゴリラ	16
コロッセオ	93
こんにゃく	53
コンビニフード	52

【さ】

魚の切り身	53
サグラダファミリア	92
サケ	21
サルビア	45
サンゴ	27
シーラカンス	27
シエラレオネ	84
シクラメン	46
自転車	67
自動販売機	68
ジャイアントパンダ	14
ジャガイモ	56
シャチ	27
自由の女神	92
ジュゴン	27
小腸の絨毛の細胞	72
消防車	68
縄文時代	78
昭和時代	81
食パン	53
シラウオ	20
シリア	85
シロサイ	16
シロナガスクジラ	25
シンガポール	87
新幹線	69
人工衛星	69
信号機の電球	67
心臓	75
ジンベエザメ	27
水泳プール	90
炊飯器	66
スズメ	30
スマートフォン	66
セイウチ	26
精子	72
精肉	55
セイヨウタンポポ	47
セイヨウミツバチ	37
赤血球	73
洗濯機	67

掃除機	66	【な】		100円ライター	61	モアイ	93
ソーセージ	54	ナイジェリア	84	ヒラメ	23	モモの木	47
ソメイヨシノ	48	ナイルワニ	17	フクロウ	32	もやし	52
		納豆	55	ブタ	14	モリアオガエル	12
【た】		ナミアゲハ	36	ブダイ	22	モンシロチョウ	37
タージマハル	92	ナミテントウ	36	布団	63		
大正時代	81	肉牛	10	ブラシノキ	48	【や】	
炊いたごはん	56	虹	96	ブラジャー	62	屋久杉	49
体内の食べ物	72	日本	87	ブラックホール	99	ヤドカリ	21
台風	97	ニホンアマガエル	10	フラミンゴ	33	弥生時代	79
太陽	99	ニホンウナギ	25	フランス	87	雪	97
大リーグのバット	61	ニホンジカ	12	プレアデス星団	98		
ダチョウ	33	ニホンノウサギ	11	プレーンヨーグルト	53	【ら】	
タツノオトシゴ	21	ニワシドリ	32	フンコロガシ	40	ライオン	14
たまご	56	ニワトリ	31	平安時代	79	ラッカセイ	44
タマネギ	57	ネギ	54	平成時代	81	ラッコ	25
ダム	91	ノートパソコン	66	ペットボトル飲料	55	ラフレシア	46
ダンゴムシ	41	脳の神経細胞	75	ベテルギウス	98	卵子	72
タンチョウ	33	ノドチャミユビナマケモノ	13	ベンケイチュウ	49	力士のまわし	62
地球	99	野良ネコ	11	放射霧	97	リュウケツジュ	49
チャバネゴキブリ	37			法隆寺	93	リンゴの木	48
中央アフリカ	84	【は】		星	98	冷蔵庫	68
中国	86	歯	74	ホッキョクグマ	24	レソト	84
チューリップ	45	肺	75	骨	74	ロシア	85
チョウチンアンコウ	20	ハエジゴク	47	ホホジロザメ	26		
チンアナゴ	22	ハス	47	本	63	【わ】	
チンパンジー	17	ハツカネズミ	10			ワモンアザラシ	26
月	99	白血球	73	【ま】			
ツチハンミョウ	37	ハッブル宇宙望遠鏡	98	マコンブ	21		
ツバメ	30	バナナ	54	マジックアワー	96		
爪	75	パプアニューギニア	84	マダケ	49		
梅雨	98	歯ブラシ	61	まつ毛	74		
Tシャツ	62	バフンウニ	23	マヨネーズ とケチャップ	56		
電車の忘れ物	60	ハヤブサ	32	マンション	91		
電子レンジ	68	ハリセンボン	22	マンボウ	23		
デンマーク	86	パンジー	45	ミカン	57		
トイレットペーパー	60	ハンドウイルカ	26	ミシシッピアカミミガメ	16		
東京スカイツリー	91	万里の長城	92	ミズクラゲ	20		
東京タワー	90	ピアノ	63	ミズダコ	22		
豆腐	53	ヒグマ	15	みそ汁	52		
トノサマバッタ	40	飛行機	69	ミミズ	41		
トマト	54	飛行機雲	96	室町時代	79		
トラ	13	ヒトコブラクダ	16	明治時代	80		
ドライヤー	66	皮膚	73	メキシコ	86		
トンネル	91	ヒマワリ	44	めん羊	12		

参考文献

- D.W. マクドナルドほか 編さん『動物大百科 1～13』1986～1987年（平凡社）
- 成島悦雄 監修『動物』小学館の図鑑 NEO ポケット 2011年（小学館）
- 井田齊ほか 監修『魚』小学館の図鑑 NEO ポケット 2010年（小学館）
- 多田多恵子 監修・著『花』小学館の図鑑 NEO 2014年（小学館）
- 岡島秀治ほか 監修『一生の図鑑』ニューワイド学研の図鑑 i 2011年（学研プラス）
- 大石孝雄『ネコの動物学』2013年（東京大学出版会）
- ジュリエット・クラットン＝ブロック 著 千葉幹夫 監修『馬の百科』「知」のビジュアル百科 2008年（あすなろ書房）
- 本川達雄『絵とき ゾウの時間とネズミの時間』たくさんのふしぎ傑作集 1994年（福音館書店）
- 関慎太郎『身近な両生類・はちゅう類観察ガイド』2008年（文一総合出版）
- 阿部永 監修『日本の哺乳類』2008年（東海大学出版会）
- 西本豊弘 監修『衣食住の歴史』ポプラディア情報館 2006年（ポプラ社）
- 古川清行『大昔の人々の暮らしと知恵 人類誕生から弥生時代まで』人物・遺産でさぐる日本の歴史 1998年（小峰書店）
- 『大法輪』2010年7月号（大法輪閣）
- 鬼頭宏『図説 人口で見る日本史 縄文時代から近未来社会まで』2007年（PHP研究所）
- 徳江千代子 監修『賞味期限がわかる本 冷蔵庫の中の「まだ食べられる？」を完全解決！』2007年（宝島社）
- 愛食舎 監修『本当は怖い 食べ物の賞味期限』2015年（宝島社）
- 小菅正夫『動物が教えてくれた人生で大切なこと。』2014年（河出書房新社）
- 今泉忠明 監修『なぜ？ どうして？ 生きもののふしぎな一生』2015年（ナツメ社）
- 神谷充伸 監修『海藻 日本で見られる388種の生態写真＋おしば標本』ネイチャーウォッチングガイドブック 2012年（誠文堂新光社）
- 早見健『そこが知りたい寿命の不思議』1994年（雄鶏社）
- 藤井清『あじさいを楽しむ 人気の野生種・園芸種 150余種と育て方』別冊趣味の山野草 2009年（栃の葉書房）
- 勝木俊雄『桜』岩波新書 2015年（岩波書店）
- 室伏きみ子 監修『ふしぎがいっぱい！ いのちの図鑑』2012年（PHP研究所）
- 多田多恵子ほか 監修『増補改訂 植物の生態図鑑』大自然のふしぎ 2010年（学研プラス）
- 山岸哲 監修『増補改訂 鳥の生態図鑑』大自然のふしぎ 2011年（学研プラス）
- 岡島秀治 監修『増補改訂 昆虫の生態図鑑』大自然のふしぎ 2010年（学研プラス）
- 大場達之 監修『植物』ジュニア学研の図鑑 2007年（学研プラス）
- 高橋秀男 監修『植物の大常識』これだけは知っておきたい 2005年（ポプラ社）
- 長谷川眞理子 監修『生き物のふえかた大研究』楽しい調べ学習シリーズ 2015年（PHP研究所）
- 西畠清順『そらみみ植物園』2013年（東京書籍）
- 稲垣栄洋『身近な花の知られざる生態』2015年（PHP研究所）
- 鈴木英治『植物はなぜ5000年も生きるのか 寿命からみた動物と植物のちがい』ブルーバックス 2002年（講談社）
- フランク・ケンディッグほか 著 川勝久ほか 訳『万物寿命事典 ブラックホールから流行まで』ブルーバックス 1983年（講談社）
- ベストカー 編集『クルマの寿命がどんどんのびる本』別冊ベストカーガイド・赤バッジシリーズ 2009年（講談社）
- 木下慎次『最新改訂版 消防車が好きになる本』2006年（イカロス出版）
- 鈴木八十二 編集『トコトンやさしい液晶の本』B&Tブックス 今日からモノ知りシリーズ 2002年（日刊鉱業新聞社）
- ネイチャー＆サイエンス『電車や てつ道』のりものくらべ3 2015年（偕成社）
- 松沢正二 監修『乗りものの大常識』これだけは知っておきたい 2005年（ポプラ社）
- 『るるぶエジプト』るるぶ情報版海外 2013年（JTBパブリッシング）
- 安富和男『虫たちの生き残り戦略』中公新書 2002年（中央口論新社）
- 安富和男『すごい虫のゆかいな戦略 サバイバルをかけた虫のいきざま』ブルーバックス 1998年（講談社）
- 安富和男『へんな虫はすごい虫 もう"虫けら"とは呼ばせない！』ブルーバックス 1995年（講談社）
- 片平孝『仕事で得する天気の雑学』2015年（いろは出版）
- 猪郷久義ほか 監修『できかた図鑑』2011年（PHP研究所）
- 斎藤靖二ほか 監修『地球と気象 地震・火山・異常気象』ジュニア自然図鑑 1994年（実業之日本社）
- 磯部しゅう三ほか 監修『宇宙 太陽系・銀河』ジュニア自然図鑑 1994年（実業之日本社）
- 新田尚『天気のかわり方』新・小学校理科の教室＜10＞ 2001年（大日本図書）
- 武田康男 監修『空と天気のふしぎ』超はっけん大図鑑＜12＞ 2003年（ポプラ社）
- 藤井旭『太陽と星』やさしい天体かんさつ 1992年（金の星社）
- 藤井旭『星のたんじょう』やさしい天体かんさつ 1989年（金の星社）
- 神奈川県立生命の星地球博物館 監修『面白いほどよくわかる地球と気象 地球のしくみと異常気象・環境破壊の原因を探る』学校で教えない教科書 2007年（日本文芸社）
- ポール・ロケット 著 藤田千枝 訳『600以上の筋肉と206個の骨をもつ体 血液、毛髪、細胞、細菌もたっぷり！』びっくりカウントダウン 2015年（玉川大学出版部）
- グウィン・ビバース 著 小林登 訳『からだのしくみとはたらき』2000年（西村書店）
- 野溝明子『セラピストなら知っておきたい解剖生理学』2011年（秀和システム）
- 左明 監修 G.B.London office 編集『極彩からだ図鑑』2012年（ジービー）
- 細谷亮太 監修『ひとのからだ』フレーベル館の図鑑ナチュラ 2005年（フレーベル館）
- 坪内忠太『子どもにウケるからだの謎 ウソ・ホント！？』2013年（新講社）
- 『体と体質の科学 原因と対処法をやさしく解説』ニュートン別冊 2012年（ニュートンプレス）
- 左巻健男『ウンチのうんちく』2014年（PHP研究所）
- 鈴木泰子 著 佐藤弘明 監修『図解入門 よ～くわかる 最新 からだのしくみとふしぎ』How-nual Visual Guide Book 2015年（秀和システム）
- カルチャーランド『みんなが知りたい！「からだのしくみ」がわかる本』まなぶっく 2006年（メイツ出版）

参考WEBページ

- http://animals.sandiegozoo.org
- http://ansin-tosou.com/yane/douban-taikyuusei.html
- http://arstechnica.com/science/2016/01/the-drug-war-is-cutting-life-expectancy-in-mexico/
- http://benesse.jp/blog/20121119/p1.html
- http://biz-journal.jp
- http://biz.searchina.net/id/1607178?page=1
- http://cgi2.nhk.or.jp/darwin/broadcasting/detail.cgi?sp=p286
- http://clinica.lion.co.jp
- http://fa.jrs.or.jp/hainojumyo.pdf
- http://faculty.ucc.edu/biology-ombrello/pow/coconut_palm.htm
- http://guide.travel.co.jp/article/6001/
- http://honey.3838.com/lifestyle/
- http://ieei.or.jp/2015/07/column150708/
- http://japan.cnet.com/marketers/sp_realajia/35059856/2/
- http://japanese.donga.com/List/3/all/27/424138/1
- http://jpn.faq.panasonic.com/app/answers/detail/a_id/10267/p/1712,1713,1714
- http://kids.gakken.co.jp
- http://kids.nationalgeographic.com
- http://low-carbo-diet.com/low_carbo_food/to_dr/contents-of-review/foods-jomon/
- http://miyazaki-mokuzai.or.jp/wp1/?page_id=4
- http://mnzoo.org/blog/animals/pig/
- http://mykaji.kao.com
- http://nakahora-bokujou.jp/yamachi/yamachi_4.html
- http://natgeo.nikkeibp.co.jp
- http://news.livedoor.com
- http://news.mynavi.jp
- http://newsphere.jp/world-report/20130709-2/
- http://ohp.or.jp/qa/2012/07/post-27.html
- http://okusa.main.jp/oku06.html
- http://panasonic.jp/support_n/hair/dryer/faq/q_koshoukana.html#COM_FAQ_q_a_04
- http://pets-kojima.com/library/zukan_small/detail/id=25002
- http://polynesia.jp/kids/coconut_palm/#.VkVP88v1W90
- http://sodatekata.net/flowers/page/62.html
- http://tire.bridgestone.co.jp
- http://tokiwadengyo.co.jp/works/led
- http://varsan.lion.co.jp/manual_point/manual_gokiburi_what.htm
- http://web.ydu.edu.tw/~uchiyama/av/tancho.html
- http://wol.nikkeibp.co.jp/atcl/column/15/194521/101600001/?P=4&n_cid=nbpwol_else
- http://www.afpbb.com/articles/-/2588382?pid=3983172
- http://www.akaimi.net/faq01/66.html
- http://www.alic.go.jp/joho-s/joho07_001042.html
- http://www.arcj.org/animals/factoryfarming/00/pig.html
- http://www.asahi.com
- http://www.asazoo.jp/animal/zone04/1438.php
- http://www.bayfm.co.jp/flint/f20150711.html
- http://www.biokids.umich.edu/critters/Dendroica_petechia/
- http://www.careintjp.org/area/w41.html
- http://www.ci-labo.com/item/bodycare/hoshitsucreamdummy/article/00000085/
- http://www.city.atami.shizuoka.jp/userfiles/02_ZAISEI/14_KAZEI/48_SHISAN/beppyou1.pdf
- http://www.city.nagoya.jp/kankyo/page/0000067373.html
- http://www.cnn.co.jp
- http://www.defenders.org/sage-grouse/basic-facts
- http://www.dudleyzoo.org.uk/our-animals/mandarin-duck
- http://www.e-nemunoki.com/jyumyou1.htm
- http://www.ecoris.co.jp/technical/tec_etec/etec017.html
- http://www.enyatotto.com/donguri/saguru/mushi.htm
- http://www.eurekalert.org/pub_releases/2016-01/ats-msd012116.php
- http://www.fishexp.hro.or.jp/exp/central/kanri/NEWS/TOPIX/sirauo/shirauo_spawning.htm
- http://www.healthcare.omron.co.jp/bijin/bijin/shittemiyo/premama.html
- http://www.higashiyama.city.nagoya.jp/04_zoo/04_02shokai/04_02_01/04_02_01-20.html
- http://www.his-j.com
- http://www.horyuji.or.jp/engi.htm
- http://www.ibatiku.jp/?page_id=1469
- http://www.ikari.jp/gaicyu/06030d.htm
- http://www.jakks.jp/feed/prtprocess/beefcattle.html
- http://www.jaxa.jp
- http://www.jfa.maff.go.jp/j/kikaku/tamenteki/kaisetu/moba/sango_genjou/
- http://www.jftc.or.jp/kids/kids_news/story/index3.html
- http://www.jsanet.or.jp/kids/iroiro/index.html
- http://www.jst.go.jp/ips-trend/disease/liver/index.html
- http://www.kaikyokan.com/cgi/fish3/134.htm
- http://www.kaiyukan.com/laboratory/wellinformed/jinbee.htm
- http://www.kannousuiken-osaka.or.jp
- http://www.keishicho.metro.tokyo.jp/sodan/otoshimono/kaisei.html
- http://www.kewpie.co.jp/yasai/hozon/yasai_summer/tomato.html
- http://www.kincho.co.jp/seihin/insecticide/kincho_uzumaki.html
- http://www.kodomonokagaku.com/hatena/?d90ac7767b5e42521a1caadae42d0fe1
- http://www.konicaminolta.jp/kids/animals/library/sea/dugong.html
- http://www.kotsu.city.osaka.lg.jp/inquiry/service_1.html
- http://www.kyofuji.co.jp/study/study49.html
- http://www.meg-snow-mbp.com/about/reborn.html
- http://www.meltec.co.jp/service/renewal/elemotion/knowledge1.html
- http://www.mhlw.go.jp/topics/0105/tp0524-1.html
- http://www.mitsubishicorp.com/jp/ja/csr/contribution/earth/activities01/activities01-03.html
- http://www.mofa.go.jp/mofaj/toko/medi/cs_ame/cuba.html
- http://www.mpuni.co.jp
- http://www.mr-tireman.jp/basic/advise/02.html
- http://www.msf.or.jp
- http://www.mx.emb-japan.go.jp/keizai/keizai-kyouryoku04.htm
- http://www.mytravelunpacked.com/#!colosseo/c9re
- http://www.nacsj.or.jp/katsudo/kansatsu/2015/05/post-42.html
- http://www.nao.ac.jp/faq/a1003.html
- http://www.naro.affrc.go.jp/org/niah/disease_poisoning/plants/cocklebur.html
- http://www.nature.museum.city.fukui.fukui.jp/sizenoya/ent.html
- http://www.nettaigyo-zukan.com/010/170/cat608/post-1165.html
- http://www.nhk.or.jp
- http://www.nikkei.com
- http://www.nikken.co.jp/ja/skytree/structure/
- http://www.nisaka.co.jp/services/pool_upgrade.html
- http://www.nissho-ev.co.jp/renewal/index.html
- http://www.ntv.co.jp/dash/village/22_syuttyou/2013/1201/
- http://www.obihirozoo.jp/html/animaru/oosannsyuuo.html
- http://www.ooyufarm.com/fs/apple/c/process
- http://www.piano-tokyo.jp/faq020.html
- http://www.pianoplatz.co.jp/acoustic/ac1.html
- http://www.plantzafrica.com/plantwxyz/welwitschia.htm
- http://www.pref.akita.jp/akisuise/umi/umi_04.html
- http://www.ringodaigaku.com/main/hinshu/season.html
- http://www.runnersforum.com/special/life-of-shoe.php
- http://www.sanin.com/site/page/daisen/institution/morinokuni2/communication/tanken/arijigoku/
- http://www.satnavi.jaxa.jp/kids/magazine/backnumber/pdf/vol10_third.pdf
- http://www.savechildren.or.jp/scjcms/press.php?d=1974
- http://www.sci.hokudai.ac.jp/bio/ikimonogatari/第3回
- http://www.senba-futon.com/shopping/refresh.html
- http://www.sharp.co.jp/reizo/feature/choose.html
- http://www.shijou.metro.tokyo.jp
- http://www.sougeikai.com/hozon.html
- http://www.straitstimes.com/singapore/health/healthy-lifespan-gets-longer-in-singapore
- http://www.suntory.co.jp/eco/birds/encyclopedia/detail/1399.html
- http://www.takanofoods.co.jp/contact/soudanshitsu.shtml
- http://www.tobezoo.com
- http://www.tokyo-skytree.jp/archive/spec/
- http://www.tokyotower.co.jp/secret/index.html
- http://www.tombow.com/tombow-qa/ボールペン
- http://www.tourismmalaysia.or.jp/mstyle/backnumber/backnumber-0910/wh.html
- http://www.tv-tokyo.co.jp/bnj/backnumber/
- http://www.ueno-panda.jp/about/
- http://www.wwf.or.jp
- http://www.yachiyo-eng.co.jp/feature/2011/f70.html
- http://www.yasashi.info
- http://www2.hama-zoo.org/animal/zoorasia-dromedarycamel
- http://www2.odn.ne.jp/~cic04500/astoro0403.html
- http://www2.yamaha.co.jp/naruhodo/2012piano/piano5.html
- http://zookan.lin.gr.jp/kototen/index.html
- https://translate.google.co.jp/translate?hl=ja&sl=en&u=https://plants.ces.ncsu.edu/plants/all/dionaea-muscipula/&prev=search
- https://www.city.abashiri.hokkaido.jp/380suisangyo/020suisanngakusyuu/030joukyuu/040zukann/080shirauo.html
- https://www.digima-news.com/20160223_3751
- https://www.dydo.co.jp/corporate/jihanki/story/story5.html
- https://www.env.go.jp/nature/intro/1outline/caution/detail_ha.html
- https://www.jal.co.jp/kodomo/nazenani/nazenani_q7.html
- https://www.jal.com/ja/flight/safety/staff/mechanic.html
- https://www.kaijipr.or.jp/mamejiten/seibutsu/seibutsu_5.html
- https://www.nhk.or.jp/sekaiisan/s100/stera/archives/archive120525.html
- https://www.nies.go.jp
- https://www.npa.go.jp/koutsuu/kisei/siken/index.htm
- https://www.sekisui.co.jp/csr/contribution/nextgen/bio_mimetics/1184221_1621.html

最終確認日：2016／6／11

寿命図鑑

生き物から宇宙まで万物の寿命をあつめた図鑑

2016 年 8 月 1 日　第 1 刷発行
2017 年 8 月 21 日　第 9 刷発行

- ✹ 編著　いろは出版
- ✹ 発行者　木村行伸
- ✹ 発行所　いろは出版
  〒 606-0032
  京都市左京区岩倉南平岡町 74 番地
  Tel 075-712-1680　Fax 075-712-1681

- ✹ 印刷・製本　日経印刷
- ✹ 企画制作　河北亜紀（いろは出版）
- ✹ イラスト　やまぐちかおり
- ✹ 制作協力　植田真帆、柴田綾子
- ✹ 編集協力　木村美都里
- ✹ 校正　粟津菜摘、奥村紫芳（いろは出版）
- ✹ 装丁・デザイン　宗幸（UMMM）

©2016 IROHA PUBLISHING,Printed in Japan
ISBN 978-4-86607-010-0

乱丁・落丁本はお取替えします。
本書の無断複製（コピー）は著作権法上での例外を除き禁じられています。

URL http://hello-iroha.com
MAIL letters@hello-iroha.com